全民科普 创新中国

做个太空旅行者

冯化太◎主编

汕頭大學出版社

图书在版编目（CIP）数据

做个太空旅行者 / 冯化太主编. -- 汕头 ： 汕头大学出版社，2018.8（2023.5重印）

ISBN 978-7-5658-3685-5

Ⅰ．①做… Ⅱ．①冯… Ⅲ．①空间探索－青少年读物 Ⅳ．①V11-49

中国版本图书馆CIP数据核字（2018）第164023号

做个太空旅行者 　　　ZUOGE TAIKONG LÜXINGZHE

主　　编：冯化太
责任编辑：汪艳蕾
责任技编：黄东生
封面设计：大华文苑
出版发行：汕头大学出版社
　　　　　广东省汕头市大学路243号汕头大学校园内　邮政编码：515063
电　　话：0754-82904613
印　　刷：北京一鑫印务有限责任公司
开　　本：690mm×960mm　1/16
印　　张：10
字　　数：126千字
版　　次：2018年8月第1版
印　　次：2023年5月第2次印刷
定　　价：45.00元
ISBN 978-7-5658-3685-5

前言
PREFACE

习近平总书记曾指出："科技创新、科学普及是实现创新发展的两翼，要把科学普及放在与科技创新同等重要的位置。没有全民科学素质普遍提高，就难以建立起宏大的高素质创新大军，难以实现科技成果快速转化。"

科学是人类进步的第一推动力，而科学知识的学习则是实现这一推动的必由之路。特别是科学素质决定着人们的思维和行为方式，既是我国实施创新驱动发展战略的重要基础，也是持续提高我国综合国力和实现中华复兴的必要条件。

党的十九大报告指出，我国经济已由高速增长阶段转向高质量发展阶段。在这一大背景下，提升广大人民群众的科学素质、创新本领尤为重要，需要全社会的共同努力。所以，广大人民群众科学素质的提升不仅仅关乎科技创新和经济发展，更是涉及公民精神文化追求的大问题。

科学普及是实现万众创新的基础，基础越宽广越牢固，创新才能具有无限的美好前景。特别是对广大青少年大力加强科学教育，获得科学思想、科学精神、科学态度以及科学方法的熏陶和培养，让他们热爱科学、崇尚科学，自觉投身科学，实现科技创新的接力和传承，是现在科学普及的当务之急。

近年来，虽然我国广大人民群众的科学素质总体水平大有提高，但发展依然不平衡，与世界发达国家相比差距依然较大，这已经成为制约发展的瓶颈之一。为此，我国制定了《全民科学素质行动计划纲要实施方案（2016—2020年）》，要求广大人民群众具备科学素质的比例要超过10%。所以，在提升人民群众科学素质方面，我们还任重道远。

我国已经进入"两个一百年"奋斗目标的历史交汇期，在全面建设社会主义现代化国家的新征程中，需要科学技术来引航。因此，广大人民群众希望拥有更多的科普作品来传播科学知识、传授科学方法和弘扬科学精神，用以营造浓厚的科学文化气氛，让科学普及和科技创新比翼齐飞。

为此，在有关专家和部门指导下，我们特别编辑了这套科普作品。主要针对广大读者的好奇和探索心理，全面介绍了自然世界存在的各种奥秘未解现象和最新探索发现，以及现代最新科技成果、科技发展等内容，具有很强的科学性、前沿性和可读性，能够启迪思考、增加知识和开阔视野，能够激发广大读者关心自然和热爱科学，以及增强探索发现和开拓创新的精神，是全民科普阅读的良师益友。

目 录
CONTENTS

太空中的不利因素

当地球公转经过某些流星体轨道时，流星体会以每秒11至73千米的速度闯入地球大气层，与大气分子剧烈撞击和摩擦，产生强烈的热和光，这叫"流星"现象。

没有燃烧完的流星体落到地面上来叫做"陨星"。根据其化学成分可分为陨石、陨铁、陨铁石。目前世界上已发现的陨

星约1700颗。另据卫星测量，每天约有3000吨的流星物质进入大气层，形成宇宙尘。

此外，太空垃圾日益成为人类面临的一个难题。太空垃圾又称空间碎片或轨道碎片，是宇宙空间中除正在工作着的航天器以外的人造物体，其中包括运载火箭和航天器在发射过程中产生的碎片和报废的卫星、航天器表面材料的脱落、表面涂层老化掉下来的油漆斑块、航天器逸漏出的固体、液体材料以及火箭和航天器爆炸、碰撞过程中产生的碎片。

自前1957年苏联发射人类第一颗人造卫星斯普特尼克1号以来，全世界各国一共执行了超过4000次的发射任务，产生了大量的太空垃圾。虽然其中的大部分都通过落入大气层燃烧殆尽，但截止2012年还有4500多吨的太空垃圾残留在轨道上，绕着地球飞行的大于1厘米的碎片超过67万块，其中1.6万块大于10厘米。这些太空垃圾碎片以每秒钟7公里的速度移动，成为威力强大的"炮弹"。美国1958年发射的尖兵1号人造卫星报废后至今仍在其轨道上运行，是轨道上现存历史最长的太空垃圾。

太空垃圾若与运作中的人造卫星、载人飞船或国际空间站相撞，会危及到设备甚至宇航员的生命，据计算一块直径为10厘米的太空垃圾就可以将航天器完全摧毁，数毫米大小的太空垃圾就有可能使它们无法继续工作。

1983年，前苏联发射的一颗宇宙系列人造卫星，曾被宇宙垃圾击中留下了撞击的伤痕。1984年美国"挑战者"号航天飞

机返回地球时，发现一处有直径为1厘米的裂纹，经查实系0.2毫米左右的涂料碎片撞击所致。幸运的是，太空无比浩瀚，这些太空垃圾之间的空间很大，撞击的可能性微乎其微。但它们始终是太空中的不利因素，清除太空垃圾远比清除地球上的垃圾困难得多。

太空中的不利因素还包括在发射上升阶段的噪声，主要是火箭发动机所产生的喷气噪声和飞船通过稠密大气层所产生的摩擦噪声。当发动机点火时，地面噪声最大，噪声以发射台为中心向四面扩散，这一阶段噪声持续时间为120秒。其中飞船起飞后总声压级最大，高达162分贝，其舱内噪声达125分贝。

在轨道飞行阶段噪声，主要来源于飞船舱内的生命保障体系。由于生命保障体系必须始终保持运转状态，因此噪声一直伴随着宇航员，其总声压达30至75分贝。

　　根据地面测定，人耳所承受的噪声是有限度的，声压超过140分贝时，会引起耳痛，超过160分贝，会损伤听觉机构。45分贝噪声会妨碍通话，30分贝以上的噪声，会干扰睡觉和休息。噪声声频若接近人体腹部的自然频率，还会造成人的内脏移动，导致肠胃紊乱，出现头晕和呕吐等病状。据此，为太空飞行制定了噪声的容许标准。还可以采取以下措施防止噪声的

干扰：座舱壁衰减噪声30至40分贝，宇航服可衰减5至10分贝，头盔可衰减20至25分贝。这样一来，到达宇航员耳朵和身体表面的短时噪声强度就只有115至120分贝，是能够抗拒的。

超重、高能粒子、宇宙线等空间环境对宇航员太空飞行也有影响。载人飞船在上升阶段的加速度达8g，再入大气层时加速度达-11g。加速度作用下，人体的体液和内部组织发生位移，引起胸痛、呼吸困难、肌肉紧张、极端受压。

拓 展 阅 读

载人飞船在外层空间飞行，失去了大气层的保护，完全处在紫外线、宇宙线、高能粒子的包围之中。在这种状况下，人若没有特殊保护一刻也不能生存。

太空中的建筑群

在太空建筑楼阁同样涉及许多特殊问题。首先是建筑环境不同。俗话说，万丈高楼平地起，地球上无论建造什么样的高楼大厦，都必须依据高楼的承受力打好基础。没有牢固的基础，高楼就有可能成为危楼。

　　而在太空的失重条件下，一切都处在飘浮状态，太空建筑不用打地基，不用考虑地质、冰文条件和建筑材料所承受的压力，更不需要考虑建筑物的设备载荷。人们可以建造任意尺寸和形状的建筑物，建造各种款式新颖的空中楼阁。

　　地面建筑大都离不开"三材"，即水泥、木材、钢材，先进的建筑也不过是三材合一的板块和框架结构。但是这些对太空建筑一概不适用。太空与地球环境完全不同，那里温度变化急剧，且差异巨大，时而高达100多摄氏度，时而冷到零下100多摄氏度，对此地球上所用的任何一种建筑材料都难以招架。太空建筑材料必须是具备膨胀系数小、耐振动、耐高低温等性能的结构金属材料。

　　地面建筑通常采取人工堆砌和机械组合方式建造，而太空建筑必须采取一整套适合于失重环境的特殊工艺来完成。首先，建筑材料必须按设想中的建筑物形状设计在桁架上，并在地面先组合，以验证其可靠性；然后，这些桁架或由运载火箭或由航天飞机按照设计要求，分批发送到预定的太空轨道上，再由宇航员组合成整体。

　　宇宙建筑工具同其他宇宙工具一样，其结构和功能必须符合太空工作的特殊要求，安全、可靠、实用、微型化和可控性以及同其他随航系统的一致性。例如，太空建筑用的锤子，外表像是日常用的锤子，但其内部却是空的，填充了金属小球，使锤击时不会回弹。

　　失重件使用的钻头呈圆锥形，它不仅可钻孔，换上其他部件，还可用来拧紧螺丝钉和切割材料。所有工具都必须用尼龙绳子系起来，不然万一失手，就可能飘去十万八千里。

　　太空失重环境使物体失重，也使人失重，给宇航员工作、带来了麻烦。拧螺丝时如果身体不固定，一人就会旋转起来，于是什么也做不成了。因而操作时必须事先在舱内找到支撑点或使用定位用的系带，穿上带有凸缘的专用鞋，以防止在舱外工作时飘走。由此可见，太空建筑是项非常细致而严格的技术工作，并非一般建筑技师所能胜任的。

1985年11月26日到12月3日，美国航天飞机"大西洲"号第二次飞行时，宇航员在货舱首次进行大型太空建筑骨架搭建试验，试搭两种类型的太空建筑结构：一种是13.7米长，由100多根横梁和撑杆组成的木桁架；另一种是高3.6米的倒"金字塔"形的四面体结构。

这种大型太空建筑骨架搭建试验，由宇航员舍伍德·斯普

林和杰里罗斯担任操作任务，整个操作工序在敞开的航天飞机机舱内进行。组装一个桁架和一个金字塔形框架所用时间为51分钟，拆卸花了4小时。这次搭建实验成功证明宇航员在失重、真空和低温的条件下，是完全能够进行太空建筑的，它为今后建造永久性的太空建筑提供了依据。

1988年12月9日，前苏联宇航员亚历山大·沃尔科夫和法国宇航员克雷蒂安在"和平"号空间站舱外，安装了一具由几十根塑料棒连接成的桁架结构，折叠时75厘米长，56厘米宽，120厘米高，打开后是一只高1米的六棱柱。事先曾在地面上高温高寒条件下进行了数百次练习。这次安装虽出现了因太空温度太低把桁架冻住的现象，但经过宇航员的努力，还是取得了令人满意的结果。

今日的探索是为了明天的成功。未来真正的太空建筑何时出现在太空？据报道，美国曾计划在90年代初建立永久性载人太空站，为实现这一目标，约翰逊航天中心和马歇尔航天中心分别提出了雄心勃勃的设计方案，前者设想在太空建造一个可同时居住8至12人的载人空间操作中心，操作中心将由两个服务舱、两个居住舱和一个后勤舱组成。两个服务舱连在一起组成空间站的核心。居住舱既是指挥中心，又是生活中心。

后者的方案是，太空建筑主要结构包括二对太阳能电池阵、指令舱、生活舱和可供航天飞机停靠的航天港。两个方案

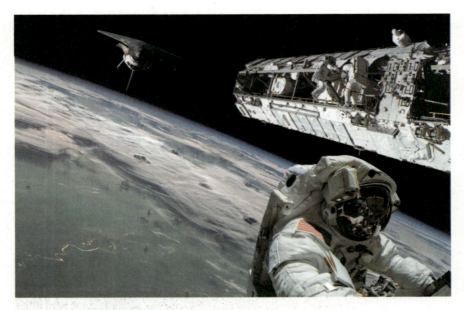

的运输任务将由航天飞机承担。

　　设计者们打算用航天飞机把建筑构件送往太空，再在预定的轨道上完成组装。到底哪种方案切合最新科学技术水平的能力，尚待实践证明。

拓 展 阅 读

　　2020年，中国将在轨道上组装一个质量大约为60吨的空间站，其依然参考了前苏联和俄罗斯空间站的建造思路，届时近地轨道上将同时运行两大空间站，当然其规模要小于400吨质量的国际空间站。

失重与真空环境

　　失重并不是没有重力，而是人们对没有重量的一种体验。航天员在太空中失重是由于他们在飞船中与飞船一起围绕地球运行，这时地球重力充当向心力维持他们做圆周运动，航天员与飞船之间没有相互作用力，于是他们就失去了对重量的感觉。

　　进入失重状态以后最先感受到的是漂浮，由于缺乏向下的

引力，双脚可以自然离开地面，身体悬浮在空中。这时正常行走已不可能，航天员只能用双手推拉舱壁上的扶手来帮助身体移动。

宇航员在太空飞行，少则几天、几个月，多则一年甚至几年。长期处在失重条件下，会对人体产生许多不良影响。习惯于地球重力条件下生活的人，一旦进入失重环境，人体重量就会顿然消失，行动起来就会身轻如燕，犹如飞翔在空中，有"飘飘然"的新奇感，吃饭、喝水、穿衣、睡觉等一切生活同地球重力环境有着根本的区别。

更为重要的是，人的生理功能也要发生变化。由于缺乏向下的吸引力，全身的体液开始向上半身和头部转移，这时航天

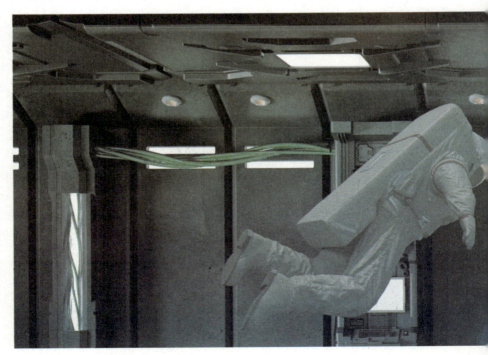

员会出现脸虚胖、鼻腔和鼻窦充血、鼻子不通气等症状，这些症状跟地面上患感冒时的症状相似，体液转移还可能导致贫血。

　　并且由于四肢已感觉不到重量，人体还会产生定向错觉，使航天员感到身体和载人航天器都上下倒置。骨盐代谢紊乱，骨质会严重失钙。多数初入失重环境的人会出现类似地面晕车、晕船的航天综合征。

　　失重并不会引起严重的生理障碍，因此要消除失重危害人体健康的顾虑。只是人在失重条件下的生活与地球上有许多不同，人必须从生活内容、生活方式、生活习惯上要适应失重的变化，采用全新的方式进行生活。

　　随着飞船离开地面高度的增加，空气越来越稀薄，大气压

强会不断下降。人在这种环境中生活，必须采取特殊的保障措施。如载人飞船必须天衣无缝，并在飞船内造就人工的小气候，与地球气候大致相似，以保证宇航员的正常生活和工作。

考虑到飞船漏气和裂纹等故障时，不使宇航员暴露在真空环境中，宇航员必须身着宇航服，以加强自我的保护。

拓展阅读

航天器在太空轨道上作惯性运动时，地球或其他天体对它的引力正好被它的离心力所抵消，在它的质心处重力为零，即零重力，那里为失重环境。而质心以外的航天器上的环境，则是微重力环境，那里的重力非常低微。

飞船座舱的结构布局

飞船座舱是整个载人飞船或空间站的核心部分，要为宇航员提供类似地球环境的生活条件，其特点主要体现在三个方面：

一是坚固。飞船座舱的结构要有足够的强度与刚度，经受大气层的剧烈摩擦而不解本，能承受200℃以上温差的变化不

变形，能在辐照和强烈振动的条件下可靠地工作。

二是轻便。轻便是航天器设计的重要指标，在发射飞船时，运载火箭的运载能力与有效载荷的比例大致为100：1，即100千克的火箭仅能把1千克的有效载荷发射入轨。

三是密封。飞船运行在几乎没有空气的太空，轻微结构变形都会导致飞行器内部气压的变化，使仪器设备失灵，导致严重的人身事故。

因此，飞船座舱的设计不仅要考虑到发射时的要求，还得考虑返回时所经受的巨大大气摩擦，所以外形选择十分讲究。从前苏联第一艘载人宇宙飞船"东方"号到美苏两国的航天飞机，飞船的外形可分为两种类型：

　　一是无翼式。前苏联的"东方"号飞船、"上升"号飞船、"联盟"号飞船，美国的"水星"号飞船、"双子星"座飞船等均属于无翼式。这种无翼式飞船，结构简单，工艺技术要求略低，工程上易于实现，其缺陷是不能获得很大的升力，在返回地面时，宇航员无法控制飞船的落点。

　　二是有翼式。美苏两国研制的航天飞机就是这种类型，能够获得巨大的升力，能在预定的机场跑道降落。

　　座舱要保障宇航员拥有足够的活动空间，要考虑宇航员进出方便，要有逃逸口。如果发生故障，需要紧急弹射时，座舱门要能自动打开，保证宇航员安全逃离，确保安全。如果是海面降落，返回的座舱必须密封。无论降落在海面和地面，座舱都必须经得起冲撞而不损坏。

此外，座舱还应有开阔的视野，宇航员可以透过飞船的石英玻璃舷窗欣赏太空壮丽的景色，观察发射前的各种准备活动，飞船在太空轨道上对接情况，返回时点火姿态和着陆情况，等等，使宇航员在太空生活中有兴奋感，在太空活动中有安全感，同时也是对地观察的需要。

我国研制的"神舟"号载人宇宙飞船，从前到后依次由轨道舱（也叫工作舱）、返回舱（又称座舱）、推进舱（或叫服务舱、设备舱、仪器舱）和1个过渡段组成。

轨道舱位于返回舱前面，是航天员在太空生活和工作的地方，舱内除了为航天员提供食品、饮用水和大小便收集器等生活用品外，还安装有多种试验设备和实验仪器，可进行对地

观测。

　　轨道舱外部两侧有两个像鸟儿翅膀一样的太阳能电池翼，提供轨道舱运行所需要的电能。神舟七号飞船的轨道舱取消了以往飞船的留轨功能，增加了气闸舱功能和航天员生活舱功能。轨道舱的后底端部设有舱门，通过这个舱门，与返回舱相连接，航天员通过这个舱门可以进入返回舱。

　　返回舱行似大钟，舱门与轨道舱相连，航天员可通过舱门进入轨道舱。返回座舱是飞船的核心部位，它是飞船上升和返回过程中宇航员乘坐的舱段，也是整个船的控制中心。不仅要求和其他舱段一样能承受起飞、上升和轨道运行阶段的各种应力和环境条件，而且还要求能经受再入大气层和返回地面阶段的减速过载和气动加热。

　　舱内安装了航天员乘坐的座椅，在这个座椅上，航天员可以斜着躺下。舱内设有仪表显示、报警与照明设备，可显示飞船导航及飞行姿态数据、飞行程序、舱内环境等；同时设有手动操作手柄及专用配套设备，必要时航天员可手动控制飞船姿态。

　　神州飞船的轨道舱和返回舱都是密封的舱段，舱内是一个与外界完全隔绝的世界，内部安装的环境和生命保障系统，将为航天员提供一个与地球环境一样、十分舒适的生活环境。

　　另外，还安装了供着陆用的主、备两具降落伞。神州号飞船的返回舱侧壁上开设了两个圆形窗口，一个用于航天员观测窗外的情景，令一个佽航天员操作光学瞄准镜观察地面驾驶飞船。返回舱的底座是金属夹层密封结构，上面安装了返回舱的设备仪器，该底座重量轻便，且十分坚固。

推进舱也称动力舱、设备舱，其形状也是圆柱形的，舱内安装推进系统发动机和推进剂，其使命是为飞船提供姿态调整和进行轨道维持所需的动力，飞船电源、环境控制的通信等系统的一部分设备也安装在这里，推进舱外部两侧也安装了两个太阳翼，为飞船提供所需的电能，加上轨道舱上的太阳翼，神州号飞船上共有4个太阳翼。

　　过渡段也叫附加段，是为将来与另一艘飞船或空间站交会对接做准备用的。在载人飞行及交会对接前，它也可以安装各种仪器用于空间探测。

拓 展 阅 读

　　东方1号宇宙飞船是世界上第一艘载人飞船。它由乘员舱和设备舱及末级火箭组成。乘员舱只能载一人，有三个舱口，宇航员的座椅装有弹射装置，在发生意外事故时可紧急弹出脱险。设备舱为顶锥圆筒形，在飞船返回大气层之前，与乘员分离，弃留太空成为无用之物。

座舱内的小气候

飞船座舱内气候包括座舱温度、湿度、气流等。为了造成与地球相似的生活环境，宇宙飞船设计时采取了一系列十分可靠的技术手段。

一、模拟大气的混合比例，造成大气条件。太空的空气异常稀薄，在200千米的近地轨道，大气压力仅为地面的六百万分之一。人若无保护，就会造成体液沸腾，失去意识。因此，座舱大气的确定，是载人航天的一个重要考虑。

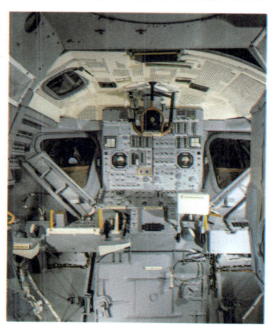

为了保证座舱内有近似地球的大气环境，座舱采取一个大气压的氧、氮混合压力制度，用罐装气体或电解供氧的办法使座舱中氧气占80%，氮气占20%，保

障宇航员每人每天所需的576克至930克氧气。对每人每天呼出的约1000克二氧化碳，采用分子筛吸附等方法处理，规定其浓度不大于1%。

二、保持座舱内适当的温湿度。座舱通过自动调温、调湿和通风系统来实现温湿度的控制。座舱热源首先来自人体热，每人每天大约产生75至150大卡的热量，占座舱总热量的三分之一。其次，太阳辐射和各种电子仪器散发的热量，亦占三分之一左右。

除座舱壳体采取隔热措施外，还采用专门的热交换器，把多余的热量吸收和辐射出去，使温度维持在18℃至25℃。人体每天呼吸、出汗和皮肤蒸发排出水分1.5升，对座舱内形成水蒸气，不及时除去，会使电路造成短路，座舱采取冷凝和化学吸收办法，使相对湿度控制在30%至70%之间。

三、经常保持座舱卫生。人体代谢物达400种，和各种垃圾、废物混合在密封舱内，会造成环境污染，会给宇航员身心带来危害，座舱一般采用物理吸附、化学吸收等方法排除空气污染。

四、在轨道上，飞船因处于失重状态，气体自然对流现象消失。为了维持人体热平衡，采取气体人工对流的方法，使气流速度保持在每秒0.3至0.5米左右。特别是头部，吹向眼睛的风速不宜过大。

五、种植植物和喂养动物，造成鸟语花香的世界。如前苏

联先后在"礼炮6"和"礼炮7"号空间站设置了特别温室，栽种了小麦、豌豆、葱、郁金香和兰花等多种植物，已证实在空间开辟绿洲的可行性。在太空作长期旅行，开辟空间绿洲，既给空间站提供生态环境，又可供给宇航员蔬菜、水果等。

　　宇宙飞船座舱的小气候，是宇航员生命保证的至关重要问题。无论是美国的天空实验室和前苏联的"礼炮"号空间站，其座舱的温控问题，一直是宇航工程设计攻克的难题。在以往的载人航天中，都曾发生过这样或那样温度失控的现象，使宇航员的心理和身体受到威胁。

　　除在工程上完善温控设计，目前航天医学又从医学的角度提出了在宇航员训练中，适当扩大身体对宇宙飞船座舱环境的适应能力，作为缓减宇航员对太空环境不适应的辅助手段。用双管齐下的办法，使宇航员适应座舱小气候，使小气候服务于宇航员。

我国研制的"神舟"号载人宇宙飞船，座舱大气通风净化系统是保障飞船舱内大气质量要求的重要系统。座舱大气通风净化系统排除航天员正常生理代谢产生的二氧化碳和其他微量有害气体，排除密封舱内仪器设备等放出微量的有害气体，控制舱内二氧化碳浓度，保障舱内大气清洁和流动，保障飞船在海上和陆地着陆后舱内大气处于良好状态。

座舱温、湿度控制系统是保障飞船座舱内温、湿度要求的重要系统，用于航天任务全过程舱内的温度、湿度控制，为在

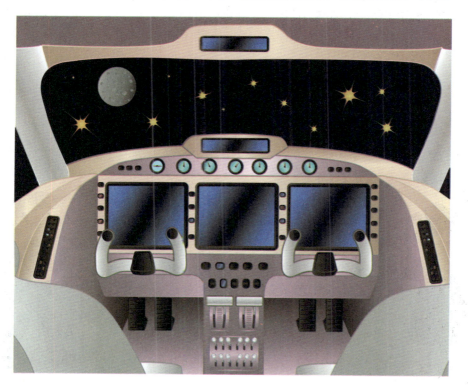

舱内工作和生活的航天员及仪器设备正常运行创造一个良好的温、湿度环境条件。

　　饮用水贮存和供给系统按执行航天任务的人数及飞行周期贮存足量的饮用水，在太空飞行微重力条件下，为航天员提供安全卫生、操作方便的饮用水。

拓 展 阅 读

　　座舱微小气候的调节，目的是保证宇航员在太空生活和工作期间有一个舒适安全的环境。飞行中作为卧具使用的是活动睡袋，活动的里子能够起到床单和被褥的作用。

飞船能源的供给

在几百千米高的轨道上，空气稀薄，太阳无漫射，空间背景黑暗，对比度比地面大得多。这就会造成宇航员视力下降，看不清仪表读数。当飞船处在黑暗中时，舱内需用高效白炽灯或其他措施来保证舱内的亮度。为了记录下宇航员的工作、生活情况及舱内景物，舱内还必须安置摄影灯。无论是日光还是灯光，舱内都要采取有效措施，使之光线柔和、照度明亮。

此外，除了照明外，飞船内许多设备和仪器都是需要电来启动并保持运转的。电源是飞船的心脏，其电源主要靠以下几种办法来解决：

　　一、太阳能电池。这是一种可以把光能直接转换成电能的半导体器件，寿命长，可连续工作。只要向着太阳，太阳能电池就能工作，并向仪器设备提供电能，同时给蓄电池充电。背着太阳时，蓄电池就接替太阳能电池供电。

　　目前太阳能电池方阵有两类：一类是立体式，即太阳能电池直接安装在飞船的壳体上；一类是展开式，将方阵独立于壳体之外，形成单独部件，发射时以一定方式固定在卫星本体上，并收藏在罩内，进入轨道后才完全展开。

　　太阳能电池有硅太阳能电池、砷化镓太阳能电池、硫化镉太阳能电池，它们都是按一定要求串联和并联而成的。美国在

"发现"号航天飞机上曾试验了一种柔性太阳能电池，它在天上展开的面积为31米×4米，有10层楼高。

这种电池采用印刷电路的方法在卡普隆薄膜上制成，可像手风琴一样展开和收缩，折叠时可收放在一个18厘米厚的小匣子里。能产生12.5千瓦以上的电能，比普通太阳能电池在性能、寿命、用途上略高一筹。

二、燃料电池。它是一种将燃料的化学能转变为电能的电化装置，工作原理与一般蓄电池相似，也是由一种电解液隔开的两个电极所组成，既能产生电，又能产生水。

这种电池种类有离子交换膜氢氧型、改进的培根型、石棉膜型。它们一般额定功率为200瓦、2000瓦、5000瓦。航天飞机在7天的飞行任务中，一共需耗电1627千瓦小时，主要靠3个燃料电池供给，每个电池最小功率3千瓦，最大功率12千瓦，整个燃料电池最大功率24千瓦，平均功率14千瓦。

在一般情况下，只使用两个燃料电池。根据设计要求，燃料电池的寿命是5000小时，工作寿命为

2000小时，每组燃料电池可以完成29次为期7天的飞行任务。

　　三、核电池。这种电池具有功率大、寿命长的特点。核电池大致分为放射性同位素电源和核反应堆电源两大类，功率约为2至5千瓦。据报道，前苏联便在其发射的33颗海洋监视侦察卫星上安装了核电源。

　　核电源能给卫星和飞船带来稳定的电源，但也会给人类带来忧虑。前苏联便有多颗卫星发生故障，其核动力装置给地球带来了难以排解的心理压力，时常担心祸从天而降。目前美国正在研制20千瓦的空间核电源，工作寿命为3至5年，以接替寿命短的电池。不论哪种电池，其电流均要通过功率分配和控制系统分配到飞船各处需要电源的部位去，通过计划分配来满足飞船及其乘员对电力的需求，保证宇航员正常的工作和生活。

目前，空间站的核发电技术正处在研究阶段。美国宇航局、能源部和国防部的战略防御创新办公室制定了一个"自供电100号计划"，预计发展中的空间站耗电量将超过300千瓦。这样大的电力供应量，只有依靠核发电来解决，其核发电装置有三种构想：

一、把反应器牢固地安装在空间站上，星上系统需要有

38.5至49.5吨的保护层来防止核辐射的破坏，这就意味着要增加空间站的起飞重量。

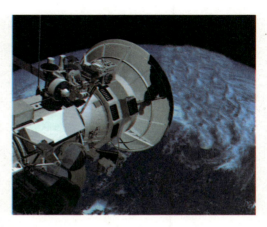

二、用一根很长的软链把核电站吊在空间站上，这样虽可减少防护层的重量，但30千米长的吊链系统会使空间站加速并影响有关科学实验的失重环境。

三、安装在200千米高的自由飞行平台，其弊端是这种平台需要姿态控制、能源和通信系统，且难以修理。哪种方法可行，现在未成定论。如果空间核电试验成功的话，将标志着空间站上了一个新的台阶。

拓 展 阅 读

电源是宇宙飞船上重要角色，所以减重设计非常关键。我国载人航天发展数十年来，在电源的材料、结构和化学电池的种类上不断更新，已将重量减到目前所能设计的最低限度。

在太空舱内洗澡

洗澡是保持身体清洁、促进人体健康的一种健身活动。较长时间不洗澡，人就会有不舒服的感觉，在太空中也是如此，宇航员享受洗澡的生活待遇并非易事。

在飞船里的"宇宙浴室"，其实就是一个如同手风琴式的密闭塑料布套。它挂在飞船座舱卫生间的顶棚上。用时放下，

不用时叠起来吊在顶棚上。顶棚有一个圆形水箱、喷头和电加热器。水箱内盛5升水，与飞船的冷热水管道相通。浴室的地板上有一双与飞船舱固定的橡皮鞋。

　　淋浴时，宇航员必须首先把通到浴室外的呼吸管套在嘴上，用夹子把鼻子夹住，避免从鼻道或嘴流进污水。然后放下密封塑料布套，使浴室形成真空，防止水珠向外飘出。接着穿上拖鞋，固定在一个适当的位置。启动电加热器，把水箱中的水加热到适当的温度。而后打开龙头，让温水由上向下浇在人体上。

　　浴室的地板上有许多小孔，下面是废物集装箱，用于盛废物和污水。当废水箱的水满了之后，就会自动报警。废水由飞行专家操作排出舱外，或将废水送入废水净化设备里进行处理，然后再用。

　　美国天空实验室的失重淋浴室就是这种类型的，它放在轨道工场的实验工作区，是圆筒形的，外壳是布的。在不用时折叠成扁平的形状。淋浴室的底环固定在地板上，并有脚限制

器，上面的环包括淋浴喷头和
软管。

　　宇航员在使用淋浴室的时
候，在一个增压手提式水瓶中
加满热水，然后把水瓶挂在天
花板上。一条软管把贮水瓶连
到一个手拿的淋浴喷头上，宇
航员用手把圆筒形的淋浴室壁
向上提到适当位置，便可以用
液体肥皂开始洗澡。肥皂和水
是定量供给的。

　　现在美国航天飞机宇航员洗澡已由淋浴改为盆浴，与家庭
浴室差不多。唯一不同的是，澡盆里有一付脚镣，洗澡时需把
脚套在其中，或用保险带系起来，以免人会飘走。水有吸附黏
性，不会流走，因此太空洗澡用水异常节省，不需要担心浪费。

拓 展 阅 读

　　在太空洗澡和在地球洗澡最大的差别，
在于冲洗这一步。宇航员们用的都是免冲洗
洗发露。洗发露之所以要免冲洗，是因为水
在太空失重环境中会到处漂浮，或是附着在
物体表面，几乎不可能把洗发露洗干净。

在太空舱内睡眠

　　平凡的事情只有在它不平凡时才去描述它。睡眠是极其平凡的，但睁着眼睡眠，还有在一根扁担上睡眠，行军走路时睡眠等就很不平凡，描述起来，使人津津乐道。太空睡眠也是很不平凡的，在这里需要描述一番。

　　太空睡眠之所以不平凡，是因为那里的环境条件与地面上迥然不同。飞船绕地球飞行时，那里处于失重状态，这是造成太空睡眠与地面上睡眠不同最主要的原因。此外还有昼夜节奏不同，以及存在噪声干扰等。

　　在床位紧张时，常常听到这样的玩笑话："今晚上把你挂在墙上睡。"在航天飞行时，这种睡眠方式一点都没有玩笑的成分。在失重环境中，不管在什么地方都可以睡眠。不过，许多人对飘浮睡眠还不习惯。

　　一位美国阿波罗飞船宇航员说："当你在睡眠中发现自己

身体下面没任何支撑的东西时，你一定会有一种掉进万丈深渊的感觉。"同时，为了安全起见，最好还是睡在睡袋中，把睡袋固定在床上或墙壁上，以免到处飘浮，导致在飞船有速度变化和振动冲击时造成碰伤事故。

　　考虑到人在地面上的睡眠习惯，美国在航天飞机上设置多层水平床铺，每个床铺长1.8米，宽0.75米，有一条能防火的睡袋，睡袋通过绳索和搭钩与床铺相连。睡觉时，钻进睡袋，拉上拉锁，用皮带系住腰部，就可以睡眠了。

　　但是，许多人不习惯睡多层床铺。一名欧洲宇航员说，当

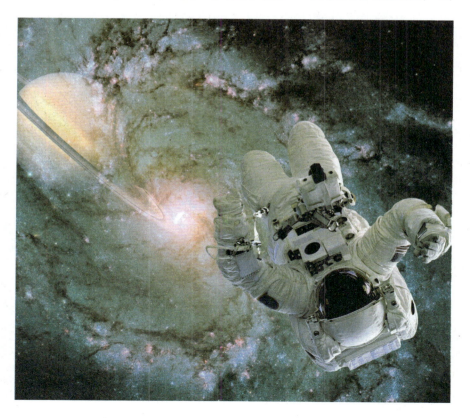

他在下铺睡眠时，感到好像在床底下睡觉一样。有的人宁愿睡在两层甲板中间的空格中。

其实，如果把睡袋挂在墙上，照样可以很好地睡眠。如果将睡袋紧贴墙壁，睡眠时后背可以伸直，会感觉像睡在床铺上一样，只不过垂直床铺比水平床铺多占用23%的空间。

欧洲航天局设计了一种新睡袋，为双层充气睡袋。充气后，睡袋被拉紧，给人体施加一定的压力，这不仅可以改善胸部血液循环，还可以消除一种飘飘然的自由下落感。

在失重环境中，不管以什么姿势都可以睡眠。不过，如果完全放松睡眠，人的身体会自然微曲成弓形。大多数宇航员认为，身体微曲比完全伸直睡眠要舒服得多。但是，为了防止腰背病，还是后背伸直睡眠好。

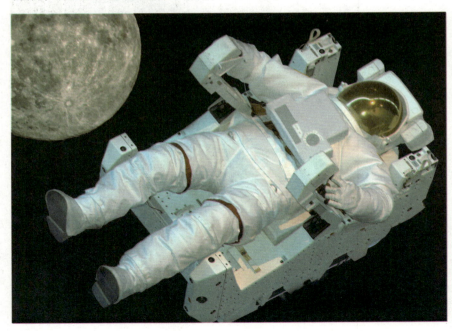

　　在失重环境中，一切重量消失了，头和躯体会感到分离了一样，手臂也像在自由飘浮。一名前苏联宇航员有一次把手臂放在睡袋外面睡觉，醒来时，在朦胧中发现两只手向他迎面飘来，他吓出了一身冷汗。所以，睡眠时最好把手臂放进睡袋中。在早期狭小的航天器座舱中睡眠，为了防止无意中碰着开关，睡眠时必须将双手束缚在胸前。

　　近地轨道飞行的载人航天器，一般90分钟左右绕地球飞一圈，也就是说，一个昼夜的周期只有90分钟，白天黑夜各45分钟，34小时内有16个昼夜交替变化。这种昼夜节奏的变化，使宇航员既不能"日出而作，日落而息"，也不能黑夜工作，

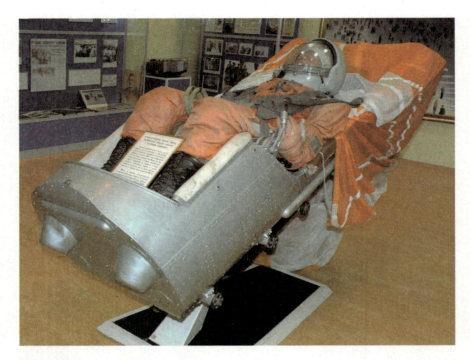

白天睡眠。

　　为了保持在地球上形成的生命节律，航天飞行中仍以24小时为周期安排宇航员的作息时间。一般8小时工作，2小时用餐，1.5至2.5小时锻炼，3.5至4.5小时自由活动，8小时睡眠。

　　为了使快速的昼夜节奏不影响睡眠，睡眠时应戴上眼罩。更先进的办法是用灯光亮度的变化来模拟地面上的昼夜节奏，以保证宇航员能很好地睡眠。

　　但是，各种仪器设备工作时产生的噪声仍然会影响宇航员的睡眠。因此，在太空睡眠时还应戴上隔音帽。进一步的措施是将卧室与其他部分隔离开，用消音材料降低噪音的强度。为了使宇航员能很好地睡眠，地面上也停止与他们的无线电联系，以免打扰他们。

在多人飞船上，一般采用轮流工作制，以保证每个人的睡眠。尽管如此，仍有许多偶然因素影响宇航员的睡眠。如1982年3月，美国"哥伦比亚"号航天飞机飞行时，因座舱中的静电干扰，指令长洛马斯大部分时间都没睡好，静电的"噼啪"声也影响其他宇航员的睡眠，使大家感到很疲劳。

地面指挥中心不得不重新安排他们的日程。一些宇航员初进太空时，也会因兴奋而睡不好觉，也有因工作太累和其他种种原因而失眠的，这就需要依靠药物的帮助了。

对太空睡眠问题，航天医学专家们已做了许多研究。早在20世纪70年代，美国就在"天空实验室"上对宇航员的睡眠进行过测量实验。实验了解到太空睡眠和地面上睡眠都分为6个阶段，其中深度的睡眠阶段时间最长，醒来的次数最少，即使每次睡眠中间可能醒来5至6次，也很少会做梦。

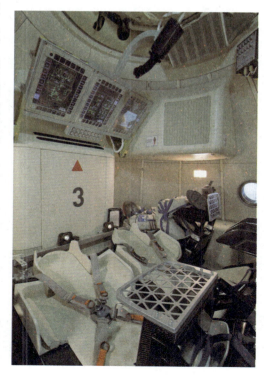

根据太空飞行环境的特点，科学家们已经采取了许多可靠的措施来保证宇航员的睡眠，并在不断

地加以完善。但是，对太空睡眠这个平凡的问题，仍有许多难题需要进一步地深入研究。

梦，是与睡眠紧密相连的，没有一个人是不做梦的。我们常说"日有所思，夜有所梦"，在梦境出现的常常是最熟悉的人物和环境，特别是童年的生活环境。但是，究竟为什么做梦，做梦的规律是什么，仍然没有一个科学、权威的解释。

科学家们希望通过对太空梦的研究来解开做梦的秘密。那么，每个人在太空都做梦吗？太空梦与地球梦有什么不同？太空梦与地球上的生活有什么联系？前苏联的太空医学生物学研究所的专家研究过许多宇航员的太空梦。

他们的研究表明，宇航员的太空梦完全是地球梦。几次上天飞行的前苏联宇航员克利穆克，在太空梦见过和妻子、儿子

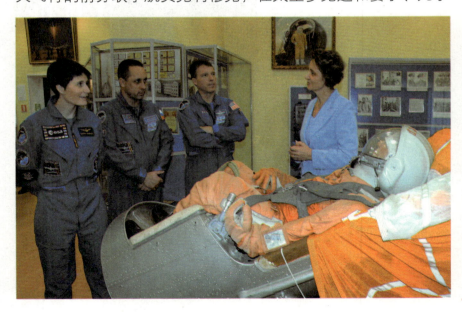

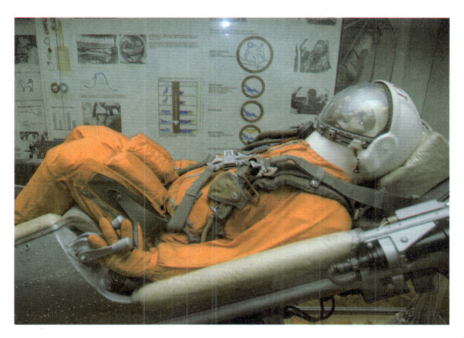

一起在森林中采摘蘑菇，甚至还闻到了牛肝菌和变形牛肝菌的香味。

宇航员贾尼别科夫和萨维内赫都曾梦见过在莫斯科近郊的家乡，或是在星城宇航员训练中心还有他们的亲朋好友。另一名前苏联宇航员梦见过下大雨，而且这梦中的大雨把他惊醒了，使他辗转难眠。

至于太空梦境的颜色，许多宇航员都十分肯定地回答完全是黑白梦。第一名到太空行走的宇航员列昂诺夫，酷爱绘画，他两次到太空飞行，所做的梦没有一次是彩色的。

有的宇航员虽然没有做过太空梦，但却遇到过太空幻象。在太空飞行211天的前苏联宇航员列别杰夫，有一次在他刚刚睡下时，突然眼前一亮，冒出一片闪光，有时像十字架，有时像小球。这时如果想象某人的形象，他就会清晰地出现在眼前。

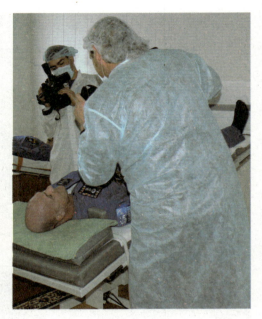

后来，列别杰夫有意做了试验，当眼前再次出现闪光时，他就回忆熟悉的地方和友人，结果一切变得非常逼真和亲近。这种状态可保留5至10分钟。目前，科学家们对太空梦和地球梦没有清楚的了解，研究仍在继续。

拓展阅读

睡觉的时候，如果航天员的头部处在不通风的地方，呼出的二氧化碳会聚集在他的鼻子附近，当他血液中的二氧化碳达到一定浓度时，脑后部的一个报警系统就会发出警告，使他惊醒，并会感觉到呼吸的急促。这时，航天员走几步或换个地方，就又可以沉睡了。

宇航员的个人卫生

在载人航天飞行中，废物处理工作不当，不仅会影响航天员的生理和心理状态，影响航天员的工作效率，而且会影响舱内大气环境质量及航天员的健康安全，甚至影响载人航天任务能否顺利完成。哪里有人，哪里就有垃圾。载人航天也会产生垃圾。密封座舱内的垃圾包括人排出的固、液、气体，卫生辅

助品，头发，指甲，食物屑，包装材料，损坏的器具和仪器设备产生的废物，更换下来的仪器设备和零部件等等。

　　放屁，是人的一种正常生理现象，但也是一种令人讨厌的生理现象，特别是那种污染空气的臭屁和以声报人的响屁。因此，即使在地面上，放屁也应当检点。而在太空放屁，更是一件很不简单的事。美国宇航局曾对放屁做了专门研究。每人每天平均放屁三次，一天放出的屁，重量约相当于一瓶牛奶。

　　人之所以放屁，是肠内细菌作怪的结果。在水中放屁，可用玻璃瓶把屁收集起来进行研究。屁的成分包含有数百种气体，其中氢占10%，氮占60%至70%，二氧化碳占10%，氧占

5%，甲烷占5%。还有具有臭味的挥发性胺、挥发性脂肪酸、氨、硫化氢、靛基质、吲哚、粪臭素和其他微量气体。

　　飞船的座舱是密封的，而且很狭小，放屁多了会污染座舱环境，使人心情不舒畅，食欲不振，甚至产生疾病。氢和甲烷等可燃气体多了还会发生爆炸。座舱当然有调节设备，但也会增加调节设备的负担，消耗更多的能源。在失重环境中，放屁的微小推力，还会把人推走。

　　因此，在太空中应尽量少放屁，憋一憋，屁中的氢和氮可由肺部和皮肤排出，其他成分也可进入血液，最后由尿排出。但有时憋屁会感觉不舒服，甚至引起精神不振。这时，也不要随时随地放屁，最好是到厕所里去放。

　　为了减少屁源，应讲究个人卫生，进食时要细嚼慢咽，使食物在肠胃中得到更好的消化。航天食品应避免选择那些容易产生屁的原料。

　　在太空放屁难，在太空大小便更难。如果像地面上一样撒尿，由于失重，射出的尿碰到便桶会反弹回来，溅在自己的身上，飘浮在空中。拉出来的大便，也会到处飘浮。载人航天初期，将尿撒在尿袋中，然后倒掉。

大便时，将袋口带胶布的粪袋贴在臀部上，大便完将用过的手纸和消毒水放入袋中，合上袋口，然后抛弃，或者用手将袋中的东西揉捏在一起，放在贮存箱中带回地面检验。

加消毒水和揉捏是为了彻底消毒，不然粪便在袋中腐烂，产生气体，袋子膨胀，甚至将袋子胀破，就会污染环境。这种

方法是不可靠的，稍不注意，屎尿就从袋中飞出来。

美国在"天空实验室"上装有侧孔式厕所，就是在舱壁上开一个口子安上便座，大便时双手抓住便座旁的把手，将臀部贴在便座上，粪便由气流抽入一个袋中，水分和臭气通过过滤网兜进一个容器中处理。

便袋中的干粪便就地处理或带回地面。小便则对准一个漏斗，尿通过一根管子

被抽入容器中处理。这种排便方法对女宇航员仍很不方便。要使妇女在太空失重环境中小便符合卫生要求，是很不容易的一件事。

为了解决这个特殊问题，美国宇航局聘用了几名自愿帮忙的妇女，请她们演示了撒尿的全过程，并把整个过程录了像，然后进行研究。

根据获得的资料，科学家为航天飞机研制了一个男女共用的马桶。马桶的前端安有尿收集器，以满足妇女便尿的要求。使用这种马桶时，臀部坐在便座上，然后把固定带系在腰上，双手抓住把手，小便和大便被分别吸入不同的桶里。

把手旁有一个控制杆，可以调节吸嘴的空气流量。臭气经

臭气过滤器排除。部分粪便进入样品收集袋中经冷冻贮存，带回地面化验研究。便后，便桶盖自动封闭，里面形成真空使粪便干燥，固体部分弃之舱外，液体部分经再生处理，作为使用水。

我国神舟飞船吸收了国外飞船废物收集系统的技术经验，采用半自动的废物收集和处理系统。该系统由以下设备组成：

一、废物收集筒。用于储存使用后的大便密封袋。

二、尿液贮箱。储存尿液，箱内部填装高效吸水材料，可以将尿液吸附固定，实现微重力下尿液收集过程中的气液分离。

三、收集装置支座。用于固定大小便收集装置。

四、应急小便收集器。废物管理系统风机失效时，应急条件下手动操作收集尿液，并将尿液挤入尿液贮箱储存。

五、管组件。用于系统设备间的管路连接。

六、除臭装置。集成了废物收集风机和除臭罐。风机是大小便收集过程中的动力源，制造大小便收集的负压动量气流；除臭罐用于去除大小便产生的异味。

七、大小便收集装置。用于接收大小便。

八、废物残渣收集袋包。用于放置大便袋、大便密封袋和卫生纸等。

航天员在大小便时，首先将大小便收集装置固定在收集

装置支座上，开启除臭装置风机后，利用高压风机产生负压，使座舱空气在风机的抽吸力作用下，形成具有一定动量的气流，气流携带粪便进入大便收集器中的大便袋内。排便完成后，将大便袋盖上盖板，装入大便密封袋，投入废物收集筒储存。

尿液在气流带动下，经废物收集管路进入尿液贮箱，气液混合物经过贮箱内的分配管与吸水材料接触，液体被吸附固定，空气在风机的作用下进入除臭装置，净化后的空气经风机送回座舱，实现大小便的收集和储存以及气液分离。

在太空飞行，除了个人卫生外，环境卫生也非常重要，在狭小封闭的座舱中，甚至比地面上更重要。保持环境卫生，除了空气的自动净化外，密封座舱要经常打扫。保持环境卫生最困难的是垃圾处理。

对短期航天来说，把垃圾收集起来带回地面即可；对多人的长期航天来说，如果不处理垃圾，小小的密封座舱很快就会变成垃圾箱。处理的办法目前有两种：

一、将垃圾压实成块，像发射炮弹一样从航天器上发射出去。不过不是像发射卫星那样向上发射，而是向下发射，让其进入大气层中烧毁。这种"发射法"的优点是及时，不增加航天器的重量负担，而且可以防止垃圾腐烂发臭，滋生霉菌，污染空气，但需要添置必要的设备。

二、将垃圾积存起来带回地面处理，叫"零存整运法"。前苏联的"礼炮"号和"和平"号航天站就采用这种办法。

"进步"号货运飞船的每次飞行，都要带回一吨多垃圾。这种方法要支付一定的空间运输费用，而且要解决垃圾存放时的防腐、防霉和污染环境等问题。

拓展阅读

神舟飞船的航天服内设置了直接接触式小便收集袋和大便收集装置，这些装置可以像短裤那样穿在身上，用于身着航天服的航天员在飞行阶段收集大小便。飞船舱内还设置了废物收集软袋，用于收集其他固体废物，收集的废物投入收集袋内，以保持舱内大气环境清洁。

太空中的体育活动

太空中的体育活动与地面上的体育活动有许多不同。首先，它有特别强的针对性。在地面上开展体育活动，其出发点自然是增强体质，但有时也是为了比赛或表演。当然，比赛和表演的目的也在于推动体育活动的广泛开展，以达到增强人民体质的目的。

　　太空中的体育锻炼则不然，它有非常明显的针对性，就像人得了某种病，遵医嘱进行某项体育锻炼一样。

　　长期待在航天器飞行的失重环境中，由于"用进废退"规律在起作用，无用武之地的肌肉会萎缩，人的体重会减轻，骨骼会丧失钙质，还会产生其他一些体质变化。这是人体对失重环境的一种自然适应，要是一直待在失重环境中，这不会成为什么问题。但是目前，人还不能总是生活在失重环境中。

　　进入太空的人总是要返回地面的。一旦返回地面，体质上的这些变化就会成为一种病症。长期太空飞行的宇航员返回地面时要用担架抬下航天器，就是为了避免突然在地球重力作用下行走使缺钙变脆的骨骼碎裂或折断。

　　有的宇航员在返回地面时，不能立即站立和行走，就是因为肌肉萎缩而无力反抗地球重力的缘故。前苏联一名宇航员在太空飞行6个月后返回地面时，家人给他献了一束菖蒲花，他竟无力拿起这束鲜花。

　　在太空进行体育锻炼，是对抗这种病变的有力措施。在太空飞行326天的前苏联宇航员罗曼年科，依照专家制定的体育锻炼程序，每日坚持锻炼，使脉搏经常稳定在每分钟62次，血压保持为10至16.6千帕。

　　返回地面时，体重仅减轻1.6千克，骨组织的光学密度虽下降了5%，小腿肌肉体积缩小15%，但都保持在规定的范围内。其他生理指标也一样。所以在返回地球后，3小时便能自主地活动，第二天就和妻子一起散步。这比他10年前完成96天

太空飞行归来的情况要好。

其次，在失重环境中进行体育锻炼是一件很困难的事。由于场地等限制，地面上的许多体育项目是无法进行的，如游泳、滑雪、滑冰、越野、爬山、球类等等。

由于失重，地面上另外许多体育锻炼项目，如铅球、铁饼之类，可以不费吹灰之力推出很远很远，但达不到锻炼身体的目的。举重也一样，脚踩地面，手举杠铃，稍一用力，人和杠铃会一起飞走。即使将脚固定在地板上，人不飘浮了，但举起500千克重的杠铃也不过是伸伸胳臂而已，与做操无异。

大家可能见过一个人在另一个人的一只手指上倒立的太空生活照片，似乎那只手指能力顶千斤，但那不过是渲染气氛而

已，其实倒立的人的重量为零。诸如此类，不费力气，当然达不到锻炼筋骨的目的。

还有单杠、双杠、吊环、跳马，恐怕人人都会身轻如燕，生龙活虎般地进行一番，但最多也只能算是徒手体操而已。这大概是失重对体育活动的浓缩吧！那么，目前在太空有哪些体育锻炼项目呢？

一、踩自行车练功器

自行车功量计是一种类似自行车的装置。20世纪70年代以来，航天员长期太空飞行都采用这种设施进行锻炼，是长期飞行中应用最为广泛的一种锻炼设施。

自行车车架是固定不动的，只有车轮可以转动。为了不使身体飘浮，需用安全带固定起来，然后双脚克服弹性带的弹力蹬动车轮，数字记功仪表通过传感器所做的功记录并显示出来。航天员在自行车功量计上锻炼的时间和强度与飞行时间有关，一般每天锻炼1.5至2小时，运动量为每千克体重31至71瓦/分。

利用自行车功量计进行锻炼，对防止心脏和骨骼肌质量下降及呼吸功能降低有一定的作用，并可增加循环血量，改善组织器官的血液供应。自行车功量计除了作为锻炼工具外，还可记录航天员在运动时的多项生理指标，便于对航天员飞行中心血管功能和运动能力的改变进行评价，但对防止矿物质丧失和立位耐力的降低作用不大。

二、跑台

利用跑台进行锻炼被认为是当前太空飞行中航天员最有效的一种锻炼方法。因为跑步是一种全身性的运动，运动量较大，能够有效提高人体运动心肺功能，维持抗重力肌群的力量和耐力，同时跑步运动对骨产生一种冲击性的力学刺激，能够有效改善空间骨丢失。此外，它还可以促使神经−肌肉功能的

协调，减轻航天员返回地面后行走的困难。

俄罗斯的空间站以及当前运行的国际空间站中都安装有跑台装置。它通过一力加载机构结合背带束缚装置将航天员固定在跑台上，并向下施加一定的拉力作用在肩部或腰部，让航天员在失重环境下得以利用跑台进行静立、行走、跑、跳等动作。

三、企鹅服

企鹅服是一个失重对抗防护的设备。人在失重状态下长期生活，由于没有重力作用，人体的肌肉会萎缩。企鹅服内排列了多层橡皮条，当航天员肌肉松弛时，使人处于一种类似"胎儿"的状态，可牵拉前臂到胸部，牵拉膝到下腭，在这种状态下，航天员为了完成飞行中的各种运动和操作，必须不断克服企鹅服的弹力作用，从而达到锻炼肌肉的目的。

它的作用是通过加压，防止微重力对人体体液分布的影响，比如导致大脑血液过少。否则因为没有重力作用，大部分的体液会回流到腿部，对人体产生不良影响。"神九"航天员每天穿企鹅服时间为1~2小时。

四、下体负压装置和下体负压裤

根据太空飞行的不同阶段，对人体下身施加不同时长、不同水平的负压，可以达到不同的锻炼效果。飞行初期可以防止体液重新分布，减轻头部充血；飞行中期可以评价心血管功能状态；飞行末期可以减轻返回地面后的立位耐力下降，并可预

测返回后立位耐力下降的程度，为航天员的医监医保提供信息。

下体负压锻炼可利用下体负压装置或下体负压裤进行。下体负压装置又叫下体负压筒，是一种圆形筒状结构，通过抽气泵抽气，可以使筒内保持不同的负压。

锻炼时人的下身在筒内，腰部用密闭圈密封，使圆筒不漏气。下体负压裤是一种带有微型泵的装置，裤子像手风琴一样，由不透气的纺织品制成，中间有环形的支持物，以防抽气时内陷。航天员在飞行中穿着下体负压裤时，会产生地面站立的感觉，并可自由活动和工作。与下体负压筒相比较，下体负压裤使用更加方便。

五、拉弹簧拉力器

弹簧的拉力是与重力无关的力。因此，在失重环境中拉弹

簧拉力器，仍然需要用力气。太空中用的弹簧拉力器与地面上用的相同，一般有五根弹簧，每拉长0.3米要用11千克力的力。

此外，体操也是太空体育锻炼的一个主要项目。在载人航天初期，飞行时间短，座舱中没有配备体育锻炼器材，体操几乎是唯一的体育锻炼活动。前苏联早期的"联盟"号飞船宇航员，每昼夜作两次体操，每次30分钟。

纵观上述太空体育活动，与襁褓中的婴儿一样，只是原地伸伸胳膊动动腿而已。而负压裤子恰似真正的襁褓，连手脚都不用动了。但是，太空中的体育锻炼要求是很严格的，因而也是十分艰苦的。

美国"天空实验室"上的宇航员，每昼夜需进行3次体育锻炼，每次的时间分别为30、60、90分钟。前苏联"礼炮"号航天站上的宇航员，每昼夜也是3次体育锻炼，其中两次各75分钟，一次30分钟。地面指挥中心通过遥测系统对宇航员的体育锻炼情况进行监督和监测。

地面指挥中心不仅对宇航员的体育活动进行监督，而且对宇航员的整个身体健康状况进行监督和监测。如地面指挥中心通过遥测系统可以监测座舱环境参数和宇航员的生理生化指标，通过电话询问和电视观察了解宇航员的自我感觉和神态表现。

飞船座舱里还设有测量心电图、血压、心音、心震、脉搏、体温、皮肤电阻、呼吸和分析语言的传感器，有睡眠分析器，地面指挥中心可随时得到有关数据。

另外，自行车功量计上的数据可以反映出宇航员的新陈代谢机能，下身负压装置上的数据可以评估心血管的调节功能。

地面医生分析所有数据后对宇航员的功能状况作出"正常""过度""危险"的判断，从而来调整宇航员的作息时间和作出驻留久暂的决策。

　　齐奥尔科夫斯基说，地球是人类的摇篮，那么，刚刚离开地球而步入太空的宇航员，就是刚刚走出摇篮的幼童了。上述情况正好说明了这一点，进入太空的宇航员，处处需要地球上"母亲"的照料。

拓展阅读

　　前苏联宇航员柳明，在完成175天的太空飞行之后不到8个月，接着又进行为期185天的太空飞行，由于他坚持体育锻炼，返回地面后，体重增加了4.5千克。

在太空中繁衍生息

人类在太空生儿育女，面临着许多新问题。首先，太空失重环境对人体机能影响较大，人在失重环境中，身体没有重量，肌肉负荷减轻，血液的流体静压几乎为零，会出现头晕、无力、空间骨质脱钙等现象，其中最严重的足骨质连续脱钙，

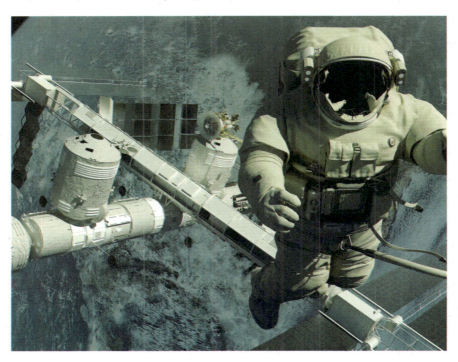

月脱率为全身总钙量的0.5%。大量脱钙的后果，将会对母体内胎儿骨骼的形成产生不利影响。

为防止宇航员脱钙，研究人员采取了许多措施：一方面适当地增加太空食品中钙的含量，保持体内的钙量的平衡；另一方面进行必需的体育锻炼。

如在航天器中备有诸如"自行车记功器""微型跑道""弹性拉力器"等奇特而适合太空锻炼的体育器材，规定每天锻炼的时间不得少于两个小时，以帮助他们有效地对付失重，保持强壮的身体。这些方法对胎儿骨骼的形成是否有效，尚待进一步证明。

其次，人类生育是"十月怀胎"，在失重环境下也不能违背这一自然规律。这也就是说，人类要能在太空中生儿育女，必须在太空中能生活10个月以上。

　　长期航天飞行，远离故土，久别人间，宇航员会产生抑制不住的孤独感、恐怖感。这被称作空间飞行的心理障碍，直接影响宇航人员的健康。

　　在载人航天过程中，为驱除这种心理障碍，目前虽然采取了双向电视不时与家人会面、通信，增设文娱设施、播放录像资料片，增添生活乐趣，增加宇航人员，还有在舱内种植地球植物、模拟生态环境等方法。

　　但不少女宇航员一听到太空长期飞行，就本能地产生恐惧心理，这无疑会对妊娠中"宇宙婴儿"产生不良影响。在空间轨道站失重环境下接生和母子饮食问题也是需要周密考虑的，要设计出适合于太空接生的一整套卫生设备和手术设施。据报道，目前已设计出一种太空手术台，这种太空手术台是否可用

于太空接生尚不知晓。

目前宇航人员在太空的食物严格按着三个标准制作：一是易消化；二是要在37.7℃温度下放置6个月而不变质腐烂；三是可口，必须引起宇航员的食欲。

但这只能保证宇航员的营养，宇航员吃得是否惬意另当别论。那些经过脱水处理的"面目全非"的空间食品，能否使未来的"太空产妇"吃得饱，吃得好，切实保证母子营养，看来也有待研究。

人们借助人造卫星和空间站，进行了大量的动物"生儿育女"试验。1973年，美国"天空试验室"曾把两条海水幼鱼和50颗鱼卵、6只老鼠、720个果蝇蛹和两只普通蜘蛛送入太空轨道，在持续59天的飞行中，观察这些生物对失重环境的反应。

尤其是观察授精的鱼卵是否能孵出小鱼。结果令人震惊，鱼卵孵出了幼小的鱼苗，并能在特制的水池中游动，生活正常。

　　1974年，前苏联发射了"宇宙-690"号生物卫星。在飞行期间，特意安排的蚕卵孵化试验证实，在太空失重条件下，由蚕卵孵化成蚕，不仅完全可行；而且比在地球环境中孵化的时间还短。这些实验表明，在太空失重环境下，生物进行有性繁殖是可行的，给人类在太空生育带来可资告慰的信息。

　　我国在1990年10月5日发射的返回式卫星上进行了太空动物试验，两只雄性小白鼠率先光顾宇宙。它们在天上生活了5天零8个小时，由于种种不适应，在返回地面之前死去了。1999年4月，法、俄宇航员将8只两栖类动物带上国际空间站，

研究它们在失重环境下的生理反应。该实验的总结报告称，两栖类动物是最适合在太空失重环境中生存的动物。

此外，我国神舟3号和神舟6号升空时都搭载了鸡蛋，而且也都孵出了小鸡，神舟3号的小鸡孵化成功率是1/3，神舟6号则孵出了3只。

拓 展 阅 读

马萨诸塞州大学生物学家雅典娜－安德雷迪斯说："零重力环境下生育将是一件麻烦事，孕妇需要依赖胎儿的重量才能将他产出体外。"

宇航员舱内航天服

　　舱内航天服也称应急航天服，当载人航天器座舱发生泄漏，压力突然降低时，航天员及时穿上它，接通舱内与之配套的供氧、供气系统，服装内就会立即充压供气，并能提供一定的温度保障和通信功能。航天员一般在航天器上升、变轨、降落等易发生事故的阶段穿上舱内航天服，而在正常飞行中则不需要穿着。

　　舱内航天服的结构形状，考虑到飞船返回着陆采用座舱软着陆模式，因此，舱内航天服采用头与躯干肢体服装连为一体的"软式"

类型结构和开放式通风供氧方式。舱内航天服一般由压力服、航天头盔、通风和供氧软管、可脱戴的手套、靴子及一些附件组成。

一、压力服装

压力服，又称压力服装，是航天员必备的个人防护救生装备，由躯干肢体服、压力调节器、压力表及颈部防水隔膜组成。

躯干肢体服与头盔盔壳均是由气密层和限制层组成，具有可操作性能，用来维持服装的气密、承受服装压力、保持人体形态不变。

压力调节器是在飞船压力应急条件下，控制舱内航天服内规定的绝对压力。在常压下可通过手动关闭，对服装进行加压，以便检查服装的气密性。当服装压力超过规定压力时，自动放气。

压力表放置在航天服的左前臂，用于指示服装内的压力。通常在座舱正常压力下，航天员穿着服装，关闭面窗进行呼吸时，保证能呼吸到外面的空气。

　　压力服装的研制，关键技术是气密性，要保证在工作压力下，总漏气量≤1升/分钟，服装的穿脱口处的气密拉链是关键技术。

　　二、航天头盔和手套

　　航天员在航天飞行中所戴的头盔，不仅能隔音、隔热和防碰撞，而且有减震好、重量轻的性能。头盔为软盔壳，与压力服装连成一体。紧贴在航天员头盔盔壳里面的是通风衬垫，具有隔热和消声作用。

　　头盔面部的面窗是为了航天员可以看到飞船内外的景象。

为了扩大面窗左右视野，增加人面部盔腔空间，提高面窗防雾效果和观察舒适，面窗设计为等壁厚的椭球面结构。面窗启闭结构采用手动、双自锁、保险式机械结构，内表涂覆长效防雾剂，连同头盔通风结构，防止面窗结雾。

手套与服装通过腕圈接连，是服装压力层的延续。它要符合穿戴者手型，能快速穿脱戴，在各手指关节部分有波纹结构，便于操作。

航天员戴的每只手套都是为航天员"量手定做"的。首先要对航天员的双手进行电脑三维扫描，详细记录下双手的手指和手掌的长度、每个指关节的位置、每一截手指的粗细等数据，然后制作出手的模具，最后制作出来的手套必须保证与航天员的手形完全贴合，还要求乳胶手套夹层中要有加强筋、加强板。手套太薄容易损坏、太厚又会影响航天员操作的灵活性，我国技术人员将手套压缩至0.8毫米厚。

航天员在飞船舱内使用的手套叫作"掌指压力手套"，而在舱外使用的叫作"掌指气密手套"。对于舱外手套来说，更重要的是要耐低温、耐高温，因为航天员在出舱后，首先遇到的是温度的变化。

三、应急供氧通风组件

通风组件采用管道式结构，通风气体从软管经风量分配盘进入服装，风量按比例送至头部和四肢末端，经周身各处后，汇流到腹部，最后由压力调节器流出服装。

在飞船座舱压力应急时，提供通风供氧组件对头盔内供氧气，用以保障航天员呼吸用氧和压力服内头、颈部通风散热、清除或稀释呼出气体排出的水分及二氧化碳。当飞船座舱压力正常情况下，航天员穿着压力服待命时，全身通入座舱空气，用以供氧，清除二氧化碳和水分，以及通风散热。

四、通信头戴

通俗地讲，通信头戴起到对讲机的作用。提供航天员穿着

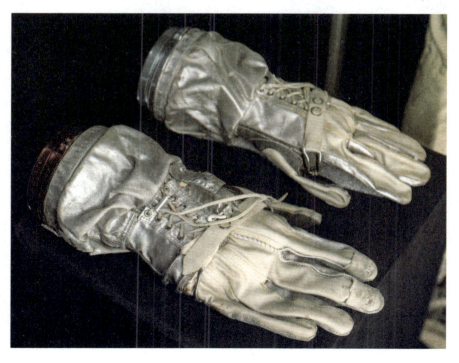

压力服时,在飞船发射、轨道压力应急和返回过程中的通话。同时,还具有很好的保护航天员听觉器官免受噪声危害的功能。通信头戴装置由防噪声耳罩、坚固耐用的送话器、网状结构的通令帽套以及保证可听声压级的语音放大器组成。

五、内衣和工作服

航天员每天在20±5℃的气密座舱条件下飞行,空间狭小,工作任务重,出汗量大,细菌易繁殖。在太空中,航天员的裤子每周换一次,短袜、衬衫和内衣每两天换一次;穿过的衣物不在太空洗涤,而是密封在塑料袋内带回地面处理。

航天员内衣是贴身穿的服装,当航天员穿着航天服或工作服时,均需先穿着内衣。由于内衣可直接吸汗,便于穿脱航天服或工作服。

同时内衣还能直接调节人体皮肤温度和贴近内衣的空气层温、湿度，使人体皮肤处于良好的生理功能状态。内衣采用高支纯棉薄针织物面料或棉、人造丝交织的导汗布，缝制为连身式紧身结构。

舱内工作服是航天员在飞船入轨后正常飞行时脱去舱内航天服后穿的服装。选用经阻燃处理的面料，采用连身式或分身式长袖服形式，连身式舱内工作服款式与连身式内衣基本相同，领口为立领，腰部有松紧。分身式结构由上衣茄克衫和裤子组成，领口、袖口、裤口及穿脱口与连身式结构相同，在上衣下摆处有松紧带。

六、航天靴和袜

航天靴由压力靴和舱外热防护套靴组成，其中压力靴是服装气密加压限制层的延续。通常将踝部活动关节设计在压力靴上，并与压力服相连接。航天服内部还设有废物收集装置，用于在紧急情况下收集、贮存和输送大小便用。

舱内工作袜采用抗菌袜，返回着陆后穿用的工作鞋采用硬底、软帮式轻便鞋结构。鞋袜具有与预定用途适应的特定防护性能。乘航天飞行器飞行过程中穿轻便皮鞋。也采用连裤鞋，它是全压服的组成部分。飞行皮鞋于1964年首次在"上升"号上试用。这种鞋系用带铬素涂层的铬鞣革制造，皮底取粘接工艺连接。一双42码的皮鞋，质量约400克。

1975年，经改进制成了供"礼炮4"号轨道站乘员用的皮鞋。鞋面仍用铬鞣革，鞋底先粘好，再以针线缝牢，包头及后跟是刚硬的。为了更加跟脚，鞋内加了橡胶套。鞋带被"闪电"拉链取代。为了在失重状态下能把宇航员固定在某一地点，鞋底上粘有搭扣带的环套部分，而飞船上固定宇航员的部位则粘有搭扣的带钩部分。一双鞋质量约500克。

七、保温服

飞行服是在正常飞行条件下供日常穿用。选择飞行服热阻时，应注意使之能在约100瓦产热量条件下协助内衣保证宇航员舒适。

考虑到飞行服的使用特点，每日穿用16小时，务必使之不限制身体活动。飞行服的穿用寿命受耐磨性的限制，一般为60至90昼夜。飞行服上应在不同部位设置衣兜，以便存放各种物品。

前苏联宇航员穿的飞行服系用纯丝织物制作，由上衣、裤子和套头衫组成。一套飞行服质量约1250克。

　　飞船座舱温度下降到15℃以下时，为了防寒必须使用保温服。保温服穿在飞行服里边，内衣外边。保温服装由夹克、裤子、护帽和软帽组成，用拉绒纯丝织物制作，以提高保温性能。不起球、穿用过程中不从材料表面掉下纤维是对一切衣料的基本要求。

　　材料厚度为5毫米时，服装热阻为0.11m²K/W 。对于由内衣、飞行服及保温服组成的全套服装来说，厚度为13毫米时，其热阻约为0.29m²K/W。服装质量约1500克，软帽质量150克，护帽200克。

　　八、防护服

　　加载式防护服用于给人体支撑组织及骨骼肌肉施加载荷。在大、小腿处于平均生理夹角的状态下，加载服可给人体支撑行走组织施加达体重50%的载荷。

　　"企鹅"型加载式防护服由带有拉紧机构的连身衣和皮鞋组成。弹性元件选用橡

皮绳。橡皮绳的松紧借助带子调整。为了给小腿肚及足部肌肉加载，"企鹅"服配套皮鞋的头部套有马蹬。服装质量约2.5千克。

预先调整好的"企鹅"型加载服可自行穿脱。这种服装具有良好的卫生性能，可作为日常服装穿用。肩部及腰部传输载荷的部位衬有垫子，有利于应力的均匀分布。导致擦伤和红肿的可能性已减小至最低。

科学家们专门设计了一种替代皮鞋的附件，睡觉时仍可使拉紧机构维持一定的张紧力。对这类服装的基本要求之一就是弹性件的张紧程度要便于调节，也就是说机体支撑和肌肉组织的张紧度可依照宇航员的愿望以绝对值调节，也可按身体部位或肌肉群随意调节。

由于身体的上、下两部习惯的静载荷甚为不同，这种服装的腰部起着重要的作用。其上缘与躯干阻尼器相连，而下缘与腿阻尼器接在一起。

在腰部收紧的情况下，可分别调上、下两部的张紧度，甚至使躯干载荷为零而把下肢载荷调至最大。屈肢和伸肢的载荷也可在宽广的范围内调节。调节带部位要容易够着。

既然主阻尼器全是成双配对的，那么不管下肢的各个部分处于哪一种状态，也就是说不管盆－腿关节或膝部关节处于什么角度下，都可以达到力的平衡状态，而加于骨骼的载荷都是恒定的，与这些角度无关。试验结果表明，"企鹅"型加载式防护服可使运动动能增长1至2倍。

　　负压式防护服的用途是在人体下半部四周建立负压，并对其支撑-肌肉组织施以纵向载荷，以防其在长时间失重作用下发生障碍。"联盟"号上用的负压式防护服为"风头麦鸡"型，做成气密裤的形式，裤腰部分具有刚性。

　　裤腿的波纹管式外壳用不透气织物制作。外壳内的若干金属环用以防止裤腿在建立起负压时收缩。波纹管式的皱褶有助于外壳沿轴向收缩，同时给人体支撑-肌肉组织施加载荷。裤腿与铝合金制的鞋子相连。

　　腰部装有气密"围腰"、编织带和仪表。围腰系用涂胶布

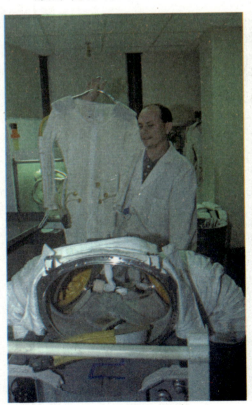

制作，用腰带贴身地系在宇航员身上。仪表有真空度调节器、真空活门和真空度指示器。

　　衣内真空度借助一装有真空泵的便携式装置提供。真空泵由电机驱动。座舱空气通过真空度调节器进入服装，再由衣内流入泵体，在衣内建立真空度，实现通风换气。旋紧节流机构的帽盖可使服装耗气量减少，而衣内真空度增加。

　　上述给下身建立负压

的服装在结构上有许多长处，比作用相同的固定囊要好。这种别具一格的服装可按预防心血管变化的要求延长减压时间。

　　宇航员穿上这种服装，再以电缆与飞船的机载系统连接，电缆长度可随意调整。所以宇航员几乎保有在轨道站内到处移动的自由，可以采取各种不同的体位来行使自己的专业职责。服装结构保证它可以长期使用，使用方便，内部通风良好。

　　防护服设计真空度达8.6千帕，装有活门，防止真空度突然上升到此极限值以上。衣内建立负压之后，只要波纹部分折紧或橡皮绳拉紧即可产生出力量，作用在身上。

　　在上述力的作用下，身体的腰-脚段压缩；若加用肩带，则其作用可延伸到整个脊柱上。裤管有一定刚性，因而阻碍腿部活动，也就是说，这种服装兼有加载防护服所固有的性能。

　　在衣内建立负压可产生一种头向上转身的感觉。促成这种感觉的不仅是压力的重新分布，而且还有在脚掌上出现的压

力。在用飞机模拟的重力状态下，重力防护服工作后，总是觉得足部所在之处为下方。

作用在身上的压力与衣内真空度成正比。真空度约6.6千帕时，作用在身上的压力等于450至550牛。此时，腿部移动困难，其动能显著增长。然而，静息状态下，当真空度在40千帕以下时，动能的消耗并不发生变化。

拓展阅读

我国"神舟"6号飞船两名航天员穿着的乳白色、镶有天蓝色边线的航天服，是我国自主研制的，具有国际先进水平。整套衣服重约10千克，由服装、头盔、手套和航天靴等组成，属于舱内航天服。"神舟"6号航天服最重要的构成部分是压力服，它的作用是在飞船座舱泄漏或气压变低时保护航天员的生命安全。

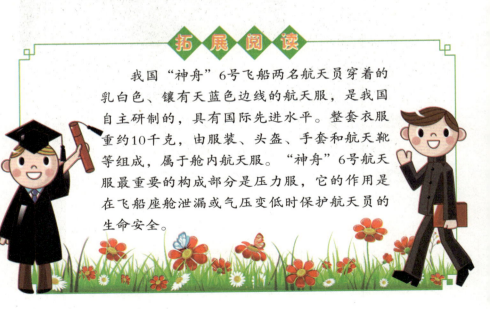

舱外活动的服装

宇航员在太空飞行，绝大多数活动是在飞船和空间站内进行的，但有时也需要进入太空开展舱外活动。长期载人航天还要进行物资的补给，这也是舱外活动的内容之一。

在太空条件下行走，既不是靠脚去步行，也不是毫无保护地自由活动，而是在严格的保护措施下有限度的飘游。这种严

　　格的保护措施就是舱外活动系统，也称为舱外活动航天服。

　　航天服最早是从飞行员抗压服的基础上发展起来的。自那以后，航天服的技术含量越来越高，甚至可以成为一个小型的飞船进行独立的飞行活动。

　　1894年，一个澳大利亚人用铁丝框和防水布做成了第一个抗压服。

　　1918年7月16日，美国人弗雷德·桑坡首次为抗压服申请专利，并将其定义为"为飞行员飞越高海拔地区或者登山者爬过高山时提供氧气的设备"。这时期的抗压服是由具有弹性的材料制成的，而且和现代航天服有许多共同之处，比如都是气密性服装，头盔可自由穿戴以及拥有可以提供压缩空气的管道。

　　1933年，著名的美国飞行员威利·波斯特，穿着他自己设计的第一件高空飞行员抗压服独自飞越全世界。这件压力服是用橡胶做成的，看上去很像一个人形的大气球。在高空，保护服可以留住氧气，并提供必需的气压使飞行员免遭低气压的侵害。

波斯特随后对抗压服进行了改进。他在面料中加入了棉花，并引入了带有玻璃面罩的金属头盔。整个抗压服也由好几层组成，看起来和现代宇航员非常相似。

美国科利公司邀请波斯特参与研发新一代抗压服，推出XH-5号模型，在创新上取得了突破。XH-5号将抗压服的膝部、臀部和肘部分成可独立穿戴的几部分，这种设计可以让飞行员更自如的行动。

第一个真正进入太空的航天服是前苏联的SK-1航天服。1961年4月12日，前苏联航天员尤里·加加林成为人类进入太空第一人，他身上的SK-1航天服也引起了世人的关注，这款航天服不仅可以提供全面抗压能力，同时还有一个辅助的生命支持系统。

1962年2月20，美国开发了首款航天服——"水星"航天服，这款航天服是美国海军高空喷气式飞机抗

压服的改进版，最初设计的目的也只是帮助宇航员抵御来自太空的紫外线和热辐射。紧接着，实施"双子星座"计划，又开发了第二代航天服。

1965年3月，苏联宇航员阿列克谢·列昂诺夫乘坐"上升2"号飞船进入太空，并成功完成了世界航天史上第一次太空行走。虽然列昂诺夫身穿的"金鹰"航天服可以提供45分钟的氧气，但是他只在舱外活动了12分钟，因为当时航天服供气系统的安全阀出现了故障，喷出了大量的热气、水蒸气和二氧化碳。更严重的是，列昂诺夫身上的"金鹰"航天服因为在太空膨胀而无法返回气密舱，最后不得不依靠放掉太空服中的一些气体才顺利返回，当时的情景实在是危险至极。

1965年6月，美国宇航员埃迪·怀特身穿"双子星"航天服步出"双子星4号"飞船并进入太空。此次出舱活动持续了23分钟。该航天服的压力服由6层尼龙组成，抗压头盔上装有耳麦和麦克风，一双由腕圈连接的手套可以让手腕自由的转动。与"水星"航天服相比，这款航天服赋予了宇航员更大的活动空间。

第三代航天服是美国宇航员尼尔·阿姆斯特朗登上月球所穿的那一件了。与普通航天服不同，登月探索需要宇航员和飞船彻底分离，因此科学家为这款航天服设计了背包式生命维持系统。该系统可连续7个多小时供氧，同时还具备了保持气压稳定、过滤二氧化碳和冷却的功能。

这种航天服在关节周围制成伸缩自如的褶皱，大大提高了运动性能。但是，必须穿着特殊的"内衣"。这种几乎盖住全身的网状内衣缝入了长达100米犹如意大利空心面条那么粗的盘成网状的管子，管内流过冷水，吸走航天员身上散发的热量，并排到宇宙空间，所以航天员穿上后感到十分舒适。穿在内衣外的航天服由内绝热层、压力层、限制层几层重叠，最外面还蒙上聚四氟乙烯与玻璃纤维制成的保护层。

阿波罗航天服与过

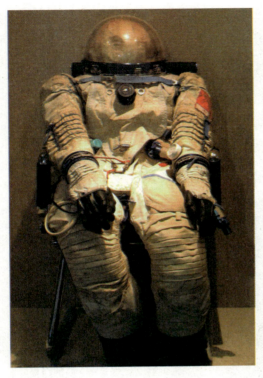

去的航天服相比，根本的差别是采用了便携式生命保障系统，即将生命保障系统固定在背上，以进行供氧、二氧化碳的净化和排除体热。

在舱外活动早期，苏联"上升2"号、美国"双子星座"号和"阿波罗"号软式航天服，既用于舱内使用，也用于舱外使用。当航天服与舱内生命保障系统联合使用时，在舱内应急时保障航天员的生命安全，称为"舱内航天服"；当航天服配置真空屏蔽隔热服，与便携式生命保障系统联合使用时，称为"舱外航天服"，用于舱外活动。这种多用途方式的航天服，在作为舱外活动使用时，可靠性下降，而作为舱内航天服使用时，又增加了不必要的复杂性。

为此，美国从航天飞机开始，苏联从"礼炮"号航天计划开始，将航天服分为舱内航天服和舱外航天服两类。舱外航天服结构更复杂，除了具有舱内航天服的功能结构外，还具有隔热和防微流星/碎片冲击等功能。另外，航天服内还增加有液冷服，用于排出身体代谢产热，保证体热平衡；除此以外，还配置出舱面窗组件（滤光器），具有防紫外线功能。

20世纪70年代，苏联研制了半硬式舱外航天服，1977年12月在"礼炮6"号上进行舱外活动试验，发现很多问题，后经多次改进，形成了"和平"号用的舱外航天服，可以在舱外连续工作6到7小时。之后，苏联开始使用"海鹰"航天服。"海鹰"航天服继续沿用了背入式设计，宇航员在5分钟内就可以完成穿戴，其生命维持系统可以工作9个小时。现代航天服仍然以"海鹰"航天服为代表。

美国在"阿波罗"计划以后，舱外航天服采用了便携式或称背包式生保系统。航天飞机舱外航天服由量体裁衣改为组合式，由10个不同尺码标准的部件组成，每个部件有5个尺寸供

选用，连接部用锁栓固定，便于更换和维修。活动关节采用气密轴承和铝制卡环。

20世纪80年代以后，随着舱外活动的次数增多、时间和距离的延长，发展了载人机动装置——新一代航天服舱外机动套装，它可支持航天员在太空行走，包括液体冷却通风外衣、尿液采集装置、头盔、通信设施、饮水袋和生理指数监测系统。

2008年9月27日，我国航天员进行首次太空行走，中国研制的第一套舱外航天服"飞天"第一次在距地球300多公里的茫茫太空亮相。

我国以"海鹰"航天服为模型开发出了自己的"飞天"航天服。"飞天"航天服保留了上肢关节仿生结构，还具有适合亚洲人使用的分型手套等多项中国特点。

"飞天"航天服很像一件加厚、特大码的羽绒服。服装通体纯白，躯干像盔甲，四肢像面包。重120公斤，从上到下依次是头盔、上肢、躯干、下肢、压力手套和靴子，背上还有一只1.30米高的大背包。可支持4个小时舱外活动，并可重复使用5次。手腕处装有一面小镜子，航天员可以通过它随时察看自己身上的各种开关。

"飞天"航天服重而不笨、行动灵活，是我国舱外航天服的一大特点。航天服由舒适层、备份气密层、主气密层、限制层、隔热层和外防护层6层组成。壁厚仅1.5毫米的铝合金躯干外壳上密集着各种仪器，相当于把飞船的控制台搬到了航天员身上。

　　"飞天"航天服手腕处装有一面小镜子，航天员可以通过它随时察看自己身上的各种开关。

　　背包高1.3米，是航天服穿脱口的密封门，在背包壳体内安装舱外航天服生保设备，背包壳体下端安装有挂包、备用氧瓶等。背包关闭通过拉紧钢索和操作关闭手柄完成。

　　头盔的视野比其他同类产品要大。头盔还有摄像头，可拍摄航天员出舱操作。航天服两侧各一照明灯和报警指示灯，照明灯可照亮服装胸前部分，方便航天员在阴暗面操作。一旦服装出现泄露报警灯会闪，同时还有语言报警。

　　面窗4层，2层充压结构，2层之间充高纯氮气，防结雾，

外面是防护面窗，外层是滤光面窗，对太阳光折射率低，迎着光照面可拉下它。

手套为每位航天员量身定做，看上去特别厚实，有点像拳击手套。手套外层为纤维织物，有两层气密，使用特殊隔热橡胶材料，能耐受高温到100℃。指尖只有一层气密层，保持触觉。手指背部位内有两层真空屏蔽隔热层。在手心握物部位设置有凸粒状橡胶，主要为防滑。手套可握住类似直径25毫米铅笔的粗细东西。在手背有可翻折的热防护盖片，用于覆盖手指部位，提高此部位的热防护能力和保证手指的关节活动性。

航天手表是专门设计的，材料适合航天特殊环境。它比一般手表表盘大，实现功能也比普通手表多，上有3个小表盘，分别是小时、分钟、秒。可以读北京时间和飞行时间，另外可以转动表盘记时。

　　航天手表可让航天员在漆黑的太空中，清楚地知道地球的昼夜之分。保障航天员的生活规律与地球同步。

　　宇航员穿戴舱外航天服有一套严格的步骤和顺序，而且不同型号的航天服穿脱的顺序也不一样。"海鹰"舱外航天服整个穿衣过程需要10个步骤完成：

　　一、穿强力吸尿裤，防止在太空上厕所。

　　二、穿液冷通风服，也称液冷服，里面有很多管子，像空调似的能把热量带走。

三、带上生物电子联结装置。在这种装置上有测量航天员心率的传感器和与外界进行通话联络的电子设备。

四、一些小的操作程序，包括在头盔面窗里面涂防雾霜，在服装左侧袖子的手腕处装上一块小反光镜，在服装上身前胸部位装上一个小食品袋和一个饮水袋，在头盔上装上照明灯和电视摄像头，最后是将通讯帽与生物电子联结装置联结在一起。这些都是穿服装前的准备工作。

五、穿服装的下半身。下半身服装的腰部有一个大的带轴承的关节，为航天员弯腰和转身提供方便。下半身服装有不同尺寸，可供不同身材的航天员选用。

六、穿服装的上半身。在穿上半身之前，先将气闸舱的冷却脐带管插入服装胸前的显示控制盒的接口上，以便向服装内提供冷却水、氧气和电力。因为飞船气闸舱内仅有2米高，直径1.6米，两名宇航员在里面非常拥挤，因此航天服的上半身是挂在气闸舱壁的支架上。当宇航员穿服装上半身时，必须蹲下身体，手臂向上伸，采取一种跳水的姿势钻进服装内。服装上下身穿好以后，将密封环联接在一起，然后将各种供应管线与服装相接。

七、戴上通讯帽、头盔和手套。一旦戴上头盔和手套以后，航天员就不能呼吸气闸舱内的空气，而是通过脐带呼吸从航天飞机轨道器提供的氧气。

八、向服装加压，并由航天员对服装进行测试，测试重点是气体流量、冷却水和电池的功率。

九、开始呼吸纯氧，进行吸氧排氮。即将体内的氮气排除，目的是预防减压病。

十、关闭气闸舱的内舱门，气闸舱进行减压。当气闸舱内的压力降低到零时，打开气闸舱外舱门，同时航天员将服装与气闸舱的所有联结断开，并将安全带挂钩勾在舱外固定杆上后，即可出舱进行太空行走。

拓 展 阅 读

人类首次脱离"母体"的太空行走，则始于1984年2月3日，美国"挑战者"号航天飞机第四次飞行。两名宇航员首次不系安全带在太空分别自由行走了20分钟和6分钟，第一次实现了真正的太空自由行走，引起了世界的轰动。

太空衣的防火性能

制造飞行服的衣料必须具有防火性能。大家都知道，纤维素织物容易燃烧，一旦接触火源很快就会起火。纤维素材料还会阴燃，即燃烧时没有火焰。

与纤维素织物相比，毛丝织物可燃性较低。在火焰作用下，毛、丝碳化而结成团块。毛和天然丝不阴燃。人造醋酸纤维制品可烧成玻璃状的硬珠，同时会散发出讨厌的气味。粘胶比棉花燃烧得快。卡普纶织物不燃，但是会熔化。赫洛林织物

只在火焰中燃烧。

燃烧是进行很快的氧化反应，同时释放出光和热。要点燃物质可用两种方法：将材料加热至其燃点或将其点燃。前一过程称为自燃。自燃发生于特定的温度下，此温度值即称为自燃温度。

点燃温度和自燃温度在很大程度上取决于周围介质中氧气的百分比含量。氧气含量增加时，材料更易点燃。同时，点燃和自燃温度降低，而燃烧速度加快。

宇航员装备应采用可自熄的材料。拿开火源后不能继续燃烧而熄灭的材料即认为是自熄材料。以氧指数作为确定材料燃烧及自熄极限条件的标准。

所谓氧指数系材料尚可稳定燃烧时的最低氧浓度，以体积百分率表示。若氧浓度低于下限，试样可很快熄灭；若等于或大于此极限则试样燃烧。应采用难燃和自熄材料制作宇航员飞行服。

拓 展 阅 读

阻燃浸渍工艺和织物处理可大幅度地提高材料的阻燃性能，从而充分保证不起火焰。经适当处理的材料遇火炭化而破坏；离开火焰后不再燃烧，也不阴燃。

宇航员的饮食要求

　　首先，航天饮食必须保证宇航员的营养要求。宇航员的工作十分繁重、紧张，体力和脑力消耗都很大。每个宇航员每日的饮食，热值要在11723千焦以上，蛋白质130克以上，脂肪100克以上，碳水化合物350克以上。

　　为了保证宇航员在噪声、振动等影响下能集中注意力工作，在长期远离人群时能情绪稳定，在失重脱钙情况下能维持正常的新陈代谢活动，航天饮食中还必须含有足够的氮、钾、钙等多种元素。

　　航天饮食必须体积、重量轻，便于运输和

贮藏。因为火箭的发射费用是昂贵的，飞船的体积是有限的。航天饮食应易于消化和吸收，残渣少，以保证宇航员的营养吸收和减少排泄物。因为垃圾处理也是一种很不容易的事。

航天饮食必须保证在37℃下存放6个月不腐烂变质。航天饮食的形状和包装应便于宇航员在失重环境中食用。航天饮食还必须适合宇航员的胃口，能引起他们的食欲。

为了使航天饮食适合航天飞行的要求，美苏科学家进行了大量的研究。现在，他们都能提供几十种航天食品。这些食品，在体积、重量、营养成分、存放和食用等方面都能满足要求，但在如何引起宇航员的食欲方面，仍然没有多少办法，不

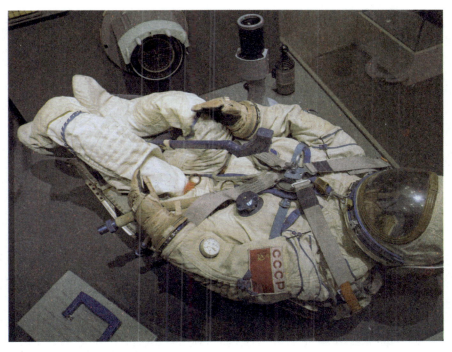

少宇航员常常埋怨食品味道不佳。

1982年，美国宇航员戈登·富赖顿乘航天飞机返回后说："我在太空吃了不少东西，可无论如何也品不出这些食物的滋味有何差别。"这其中的原因可能不在食品本身，而是航天环境引起宇航员的味觉失调，如失重使体液上流，鼻腔充血，导致味觉神经钝化，唾液分泌发生变化影响味觉，或者是因看不到食物的颜色、闻不到食物的气味而影响味觉。

美籍华人王赣俊上天飞行时，为了使他能有好胃口，他的太太特意做了他平时爱吃的炒羊肉。这道食品被命名为"王太太炒羊肉"。由于航天饮食如此重要，但目前还未尽如人意。目前除了美俄外，日本、法国都有人在研究航天饮食。

  1985年，一名法国宇航员乘美国航天飞机时，对美国的航天食品很快就吃腻了，返回后与一名航天生理学研究者合作，创办了一家法国风味的航天饮食品开发公司，参与美苏航天食品竞争。

拓 展 阅 读

  航天食品必须符合卫生学的要求，防止食源性疾病的发生，航天食品还必须在制作包装形式和储藏的稳定性上加以考虑，使之进食方便和容易长期储藏，并能经受航天器上升段的振动、冲击和加速度负荷而不致破碎。

宇航员饮食常规

　　航天飞行时采用每日四餐、份饭制，一周内的食谱不重复，以保持宇航员的营养和食欲。在美国航天飞机上，7名乘员分两批用餐，轮流到厨房准备饮食。备餐者先把标好日期和餐饮的大型塑料食品袋从贮存柜中取出，里面装有每个人的饭。厨房备有冷热水管道、烤箱、各种餐具、干湿抹布等。

　　对脱水食品，需用空心针注入凉水，再揉搓，使水和食品

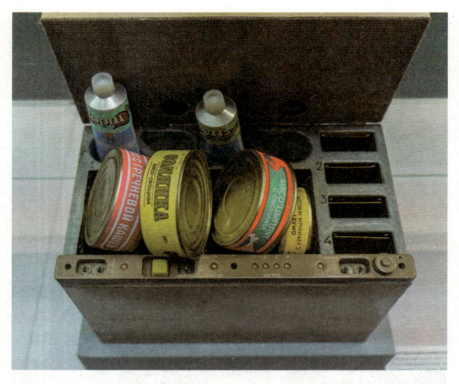

混合均匀，然后放入烤箱中用82℃的温度烘烤。对汤料和饮料，需用空心针注入热水。

压缩式食品不需任何加工处理，软包装食品放在盘子中即可食用。一顿饭不需半小时就可准备完毕。厨房还备有胡椒面、酱油、辣油、盐等调味品，进餐时可以选用。

餐桌是特制的，具有磁性，能吸住食品容器、刀、叉、匙等餐具，装有水冷却器和水加热器。用餐时，先将身体固定好，以免飘浮。动作要轻柔，调节好呼吸节奏，不把食物弄碎弄飞。不张嘴嚼食物，最好用鼻呼吸，以免食物从嘴里飞出。用餐时，必须集中精力，不能漫不经心。

宇航员的饮食供应是长期航天中的大问题，以每人每天1千克食品计算，5名乘员一年需要近2000千克。这需要占据航天飞行器很大的空间，也需要花费很大的火箭发射费用。所以，对于长期载人航天来说，最好的食品供应办法是宇航员自己生产。

生长的植物可以净化空气，植物的果实供人食用，茎叶喂养动物，人和动物的排泄物作植物的肥料，形成一个密闭的生态循环系统，改善生活环境，提供劳动消遣的场所，可源源不断地获得新鲜食品。科学家们正在寻找和培养适合太空养殖的动植物。

在众多的粮食作物中，日美科学家看中了最普通的红薯。红薯是一种含糖、含热量很高的食品，营养价值很高，除含丰富的淀粉外，烘烤的红薯还含有人体必需的铁、钙等多种微量

元素。它含的维生素和氨基酸的种类都多于大米和白面，特别是它含有的维生素A、B、C和纤维素是米面中所缺少的。红薯既可生食，也可熟食，还可加工成多种香甜的低水食品。

红薯的块根耐旱、耐碱、耐寒，适应多种气候。茎蔓贴地生长，占空间很小。红薯易于栽培，一小块切片，一小段茎蔓都可培植成株，收获几千克红薯。红薯自然不是唯一适宜太空种植的粮食作物，科学家仍然还在寻找着适宜的植物。

拓 展 阅 读

苏联"礼炮6号"空间站上规定：每天4餐，每餐食品量和热量接近均等；各餐间隔时间为3到5小时；锻炼后要过1到20分钟才能进餐；锻炼或紧张脑力劳动，必须在饭后1到1.5小时后才能开始。美国采用每日3餐的制度。

宇航员的饮用水

俗话说："黄河之水天上来。"地球居民的用水来自大自然的江河湖海，那么宇航员在太空喝的水是从哪里来的呢？每个宇航员每天大约需要消耗18.5升水，其中冷水10升，热水8.5升，如果6名乘员飞行7天，需要7770公升。

　　宇航初始阶段，曾采用从地面带水的方法来解决宇航员饮水的问题。这种办法虽好，但要设计巨大的贮水池，要增加辅助设备的重量。这样一来有效载荷重量就要减少，尤其是宇航员人数增多，载人飞行时间延长，这种方法日益见绌。

　　经过多年来载人航天实践的不断改进，目前宇航用水采取多种办法并举的方法解决：

　　一、储备水。一般载人航天器都设有相应容积的水箱，水箱是宇航生命保障系统的必备设备之一，发射之前就注满水，供宇航员饮用。

　　二、人工制造水。主要由氢氧燃料电池完成。燃料电池是一种产生电和水的化学电池，电池中的氢和氧在催化剂的作用下，分别在两个电极上氧化成水。这种水首先经过冷却器冷却，使温度下降到18至24℃，然后进入银离子消毒器经净化处理送入贮水箱。燃料电池每天可产生约90千克的水，够6个宇航员饮用。美国航天飞机携带3个燃料电池，每小时可产生6.8千克纯水，24小时160千克水。

　　三是回收水，宇航员及其他乘员每人每天要排泄1.6升尿，尿中含有96%的水分。此外还有不少的洗涤水可以回收。

　　从气体、液体、固体混合物中提炼纯水的最好办法是蒸馏方法，飞船上配备了以处理废水为主的一套蒸馏设备。这套设备由蒸馏器、过滤器、泵组成，与贮水箱连接。

　　废水送入过滤箱进行沉渣处理，固体沉淀下来送废物压缩

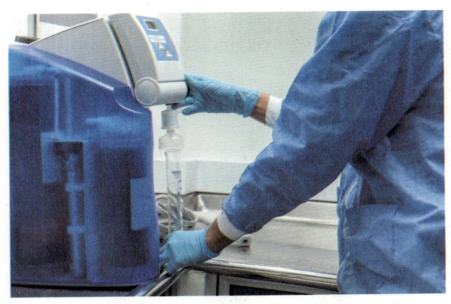

箱贮存，经过过滤后的尿是比较单纯的液体。这种液体经过蒸馏器进一步去掉固体和有毒物质，再经过杀菌消毒处理，并进行化验，其合格净水就可供宇航员饮用了。宇航员用餐、洗澡、盥洗的水都是靠这些方法解决的。

拓 展 阅 读

　　前苏联"礼炮7"号空间站设有两个储水器，总重为400千克，装在空间站的机器舱中，其水管直通厨房，其水一方面由燃料电池供给，一方面由"进步"号运输飞船进行补给。

太空中的一些疾病

在无重力的太空环境下，宇航员的身体会像处在青春期的少年一样，出现各种变化。除了要在高压环境下进行工作外，

他们面临着包括运动病、细菌感染、太空失明症、心理问题以及有毒尘埃在内的一系列健康威胁。目前，各国国家航天医学研究中心等机构的医学家正在寻找各种方式，应对和治疗太空疾病。

一、心理功能障碍

在航天飞行中，宇航员要面对与地面不同的恶劣的太空环境，长期的生理变化、超负荷的工作压力、狭小的工

作生活环境、孤独、缺乏与外界的交流与沟通、对航天飞行成功的期盼以及对失败后严重后果的恐惧，都可能导致宇航员紧张压抑、烦躁等心理状态恶化。

二、航天运动病

航天运动病又叫太空适应综合症，是宇航员进入太空后头几天经常出现的病症，症状与在地面上晕车、晕船和晕机等运动病差不多。如头晕、目眩、脸色苍白、出冷汗、腹部不适、恶心、呕吐，有的还出现唾液增多、嗳气、嗜睡、头痛和其他神经系统症状。最早出现航天运动病症的，是1961年9月苏联第二名上天飞行的航天员格·季托夫。他在绕地球飞行第二圈时开始头晕、恶心和腹部不适。在做头部运动时，这些症状加重。在睡眠后症状减轻。返回地面后症状消失。

航天运动病的原因可能与失重时感觉重力的器官将异常信

号传入大脑，形成前庭器官、视觉、运动觉等信号冲突，引起各分析器相互作用紊乱有关。航天运动病至今还不能完全预防，而且也无法有效预测哪个宇航员容易发生航天运动病。

航天运动病虽不是严重病症，而且经几天适应和返回地球后，症状会自行消失。但是，航天运动病会降低航天员的工作能力和工作效率。由于发病率高，严重影响航天任务的完成。因此，各国都很重视对航天运动病的研究。

三、心血管疾病

长时间在太空逗留，失重时人体的流体静压丧失，下身的血液回流到胸腔、头部，可引起宇航员面部浮肿，头胀，颈部静脉曲张，鼻咽部堵塞，身体质量中心上移。人体的感受器感到体液增加，机体通过体液调节系统减少体液，出现体液转移反射性多尿，导致水盐从尿中排出，血容量减少，血红蛋白量

也可相应减少；还可出现心律不齐、心肌缺氧以及心肌的退行性变化，并出现相应的心脏功能障碍，如心输出量减少、运动耐力降低等，返回地面后对重力不适应而易于出现心慌气短以及体位性晕厥等表现。这些可严重影响人体健康和工作效率，因而成为中长期载人航天飞行的一大障碍，也是迫切需要解决的航天医学问题。

随着航天飞行的时间延长，心血管功能可在新的水平上达到新的平衡，心率、血压、运动耐力以及减少的血容量和血红蛋白可逐步恢复到飞行前的水平。

四、骨质疏松和肌肉萎缩

失重状态导致的最影响可能就是骨骼和肌肉退化。在太空逗留一个月，宇航员平均的骨质流失量在1%到2%之间，促使

美国宇航局将骨质流失列为长期太空飞行最严重的健康危害之一。

与骨质流失相比，宇航员遭受的肌肉损失更为严重，逗留一周的平均肌肉损失量高达5%。由于骨骼中的钙进入血液，宇航员的肾结石患病风险提高，一旦患病将陷入极大痛苦之中。此外，缺钙的骨骼也变得非常脆弱，很容易发生骨折，这也就是为什么一些宇航员在着陆之后需要躺在担架上。

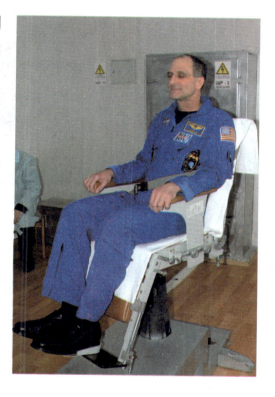

在太空长期逗留期间，宇航员总是处于蜷缩姿势，就像胎儿一样——"站直身体"需要有意识地用力。失重状态会导致宇航员的足底像一些爬行动物那样蜕皮，暴露出下面的粉红色皮肤。由于失重导致腹肌松弛，很多宇航员出现放屁现象。

五、辐射病

在太空飞行时，宇航员可能受到飞船上携带的核动力和核电池等辐射源的辐射，也可能受到宇宙射线和地球辐射带高能粒子的辐射，在发生太阳耀斑时危险性更大。

在太空飞行的两名前苏联宇航员受到的辐射量达7雷姆。

其他如"联盟35"号飞船和美国的"双子星座"和"阿波罗14"号飞船上的宇航员也受到相当大剂量的辐射。加强辐射防护是防止辐射病的主要办法，

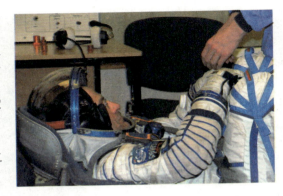

服用抗辐射药物也有一定防护作用。

　　在长期航天飞行中，恶劣的太空环境对宇航员的生理干扰、紧张的工作、严重的心理压力以及其他多种因素的作用，都很可能使宇航员免疫和神经内分泌系统功能受到持续的不良影响，导致宇航员免疫功能下降及内分泌紊乱，从而使宇航员的体质变差，抗病能力减弱，对恶劣太空环境的适应能力下降，工作能力下降，最终可能危及到宇航员的生命安全。

拓 展 阅 读

　　宇航员在太空中会看到的闪烁的小火花，其实是对宇航员有严重伤害的宇宙射线。该射线是比原子更小的宇宙粒子，它们像子弹一样冲击着宇航员的视网膜，使其大脑产生错觉，仿佛眼前不断出现闪光。宇宙射线的长时间照射会令宇航员的眼睛受到严重伤害。

宇航员的医疗监督

　　宇航员的医疗监督包括训练期间的、准备时期的、航天飞行中的和航天飞行后的几个方面。因为飞行中的医疗监督远在太空，比其他各种医疗监督要复杂和神秘，故详加介绍，其他不再赘述。

　　飞行中的医疗监督主要借助飞船和地面站的遥测系统，采用人体生理生化指标、座舱环境参数监测以及电话"问诊"、电视"望诊"的办法进行医疗监督。

　　为实施有效的监督，在载人飞船和空间站内安置了测定人体新陈代谢机能的自行车功量计，评价心血管调节能力的下身负压装置，观测睡眠的睡眠分析器，以及测定心电图、血压、心音、心震图、脉搏、体温、皮肤电阻图、呼吸图、语音分析能力等生理指标的测量仪和传感器。以便及时地收集各种医学数据，实时地作出数据处理。对宇航员在太空飞行过程中的功

能状态，作出"正常""过度""危险"的判断，在这基础上作出宇航员作息时间的决策，空间站留居的久暂。

　　航天医学的数据处理同一般医学的数据处理方式雷同，可分为数字、模拟和模拟数字处理三种方式。其中，模拟处理方式用于地面实验研究，各种生理数据的获取采用数据处理办法，由数字计算机执行，对人体功能状态的自动判断或预测，采用数理统计的方法评估。对人体健康状态的判断，自动化监护系统进行跟踪判断。

　　在执行医疗监督时，地面监护人员与宇航员保持密切通话联系，依据既定的程序，监视从飞船发回到地面的各种生理数

据，进行综合分析判断，获得宇航员身体健康和工作能力的结论。

拓展阅读

飞行中的医保很关键，航天员在太空越长，发病率也越高，必须定时监测他们的生理反应，对可能发生的疾病提出防治方案，合理安排饮食，起居和工作，保证7至8小时的睡眠。航天员还得坚持体育锻炼，来预防和治疗航天疾病，常用的锻炼器材有跑台、健身自行车等。

宇航员服用的药

宇航员在太空飞行时，除特殊目的外，一般不会有专门医生同行。月有阴晴圆缺，人有旦夕祸福。宇航员在太空发生疾病，靠飞船携带的宇航员用药进行治疗。

太空用药大致有两类。一类是常见病用药，如治疗外伤用

的紫药水，消毒压缩绷布，抗菌药膏，镇静、镇痛用的注射针剂，止泻、治胃肠炎药片，防感冒和降压用药和消炎用的抗菌素等。另一类是特殊用药，其中有：

一、抗太空运动病药物。太空运动病是太空活动中一种常见的病，跟地球上的"晕船""晕车"相似。这种病发作时，脸色苍白出汗、恶心、呕吐、上腹部不适、食欲减退，持续时间从几小时到几天不等，影响宇航员的健康，降低了工作效率。

美国和前苏联宇航员曾有三分之一到四分之一的人患这种病。由此可见，太空运动病发病率高，波及范围大。服用太空运动病药对抑制和减轻运动病症状具有一定的效果。这类药物有抗胆碱类和抗组织胺药物。

早期航天，美国宇航员曾服用吗嗪和替根等抗组织胺药物，后来又研究了东良莨碱和苯异雨胺药物。单独服用不如复方效果好，服用的方法，除口服外还有带药膏的橡皮膏，可紧贴在头部皮肤处，通过支肤吸收达到治疗效果。

二、抗辐射药。宇航员在太空飞行，有来自两个方面的空间辐射危险。一是空间粒子辐射，包括太阳耀斑、地球辐射带粒子等。在发生太阳耀斑时，宇航员可能接受的辐射剂量，上身皮肤为350至800雷姆。二是人工辐射源，如飞船上携带的核动力、核电池等。

　　据测定美苏宇航员接收的辐射量多数虽未超过允许的标准，但"双子星座""阿波罗14""联盟35"等少数飞船上的宇航员，在太空中接受了相当大的辐射量，其中在太空飞行的两名前苏联宇航员受到的辐射量达7雷姆。因此采取药物预防是保护宇航员身体健康的措施之一。这类常用药物有磺胺B硫茎2胺、氨2基异硫脲，这些药物对高能原子有一定的防护作用，服用时可与维生素一起合用。

　　三、抗脱钙药物。在失重条件的影响下，尿中钙、磷、镁等无机盐的排量增加，一般每月丧失量为人体总量的0.3%至0.5%，相当于卧床试验者脱钙量的三倍，其中承受重量的人体骨骼骨质的丧失比这一比例还大。

大量脱钙的后果，除了有患肾结石的危险外，返回地球后可能由于严重的骨质疏松症，以致轻微用力和活动就会造成骨折，特别是脊柱或长骨的骨折。

为防止脱钙，除进行适当的"体疗""食疗"外，"药疗"亦是一个重要的防范措施，这些药物有钙磷酸盐制剂等。宇航员服用这类药物，骨质钙的丧失明显低于未服用药物的宇航员。

　　四、调节睡眠的药物。长期太空飞行，宇航员会出现情绪激动、幻想、错觉、多梦等异常感觉，给睡眠带来严重干扰，影响工作效率和身体健康。因此在飞船上需配备一些镇静剂、催眠剂，给宇航员服用，以调节睡眠。这些药物要服用后见效快，睡醒后药效能很快消失，不能留有嗜睡、精神萎靡不振的副作用。

　　前苏联"礼炮"号空间站配备有安定剂一类的睡眠药物，美国阿波罗飞船配有速可眠、镇静剂一类的睡眠药品和针剂。美国航天飞机上的宇航员，曾因静电干扰影响睡眠，地面控制中心电告他们服用指定的睡眠剂和安定剂后，便很快地进入梦乡。

五、提高工作能力的药物。人在飞船环境下工作，要经受失重、超重、噪声、高温、低温和特殊照明、狭小环境等多种特殊环境的考验，人的感觉功能、运动功能、脑中枢功能会因这种环境产生疲劳，给工作带来影响。

长期航天飞行会出现周期性循环，服用一些提高工作能力的药能消除疲劳。这类药物有苯丙胺类的强效兴奋剂，也有人参、刺五加、红晕天一类非特异性的药物。前者有积蓄作用，易成瘾，降低食欲，后者刺激性小，作用时间久。

它们各有利弊，但对提高工作效率稳定工作情绪都有一

定的促进作用。因此，宇航员在太空飞行中即使是无病也要适当服用一些药物来促进工作，增强活动能量，否则，一旦疲劳袭击，工作就会走神，带来不良后果。

　　飞船里的药箱并非全然为疾病设置，也有为休息、工作设置的，药品多达数十种。

拓 展 阅 读

　　在失重状态下人体的药代动力学参数发生改变，相应的药物剂量也要随之调整，否则可能没有效果或发生药物过量中毒，使用药安全性下降。因此，研究真正失重状态下典型药物的药代动力学参数，建立真正失重状态下的药物剂量，对保证航天员在中长期飞行中的安全用药非常必要。

未来的太空医院

把生病的宇航员送回地面医治存在两个问题：一是可能因丧失时间而危及宇航员的宝贵生命；二是把生病的宇航员从太空送回地面，花费是非常昂贵的，一般约需2至3亿美元。有没

有"近水救近火"和相对便宜的办法呢？有，那就是建造太空
医院。

　　但是，事情并不那么简单，在地面上很容易处理的疾病，
在太空可能变得很复杂，如传染病如何隔离，生病宇航员的工
作谁来替代？还有，在太空能对病人进行准确诊断和医疗吗？
如地面上常用的透视方法会发生什么变化？如何准确诊断？血
液检验中能用地面上的生化指标吗？特别是在太空能进行手术

吗？这一些都需要进行探讨和实验。

为了探索能否在太空进行手术，前苏联曾在抛物线飞行的飞机上，进行过失重状况下的外科手术试验。那是对一只兔子进行局部麻醉后作开腹手术的试验，试验初步证明可以在失重环境中进行外科手术。

不过，航天器上空间狭小，不容许建大的手术室和手术台，同时，人在太空飞行中免疫力降低，手术必须在绝对无菌的环境中进行。根据这些特点，研究人员研制了一种在失重环

境中进行外科手术的手术舱，这是用透明氟塑料片制成的袖套式抗菌外科手术舱。

　　舱内一般装有2至3对手术手套。根据手术的需要，可随时改动和扩展。内有袖套式止血带和注射器，将需要止血或手术的部位伸进去就可止血和注射麻醉剂。小巧轻便的手术器械用尼龙搭扣贴在舱壁上。

　　手术时，医生将双手插入手术套中，用手术器械进行手术。太空医院只能设在大型航天器上，对小型航天器上的宇航员，如果生病，仍然需要送回地面或送至太空医院医治。

　　另外，营救在太空遇险宇航员的"太空营救车"，也可将生病的宇航员接回地面。将来，随着进入太空的人数的增多，特别是太空旅游业的兴起，也可专门设置"太空救护车"，平时放在太空飞行平台上，也可放在地面上，它们经常处在可飞行状态，一旦接到救护信号，便可前去救护。太空医院和太空救护车的设立，将可解除宇航员和游客在太空生病的后顾之忧。

　　目前，处置宇航员太空飞行中出现的各种疾病，采用"天—地"联合门诊的办法，即由地面控制中心采取遥感遥测的方法对宇航员的各种心理和生理参数进行检测，发现小毛病就由宇航医生在地面作出诊断，告知宇航员服用座舱内

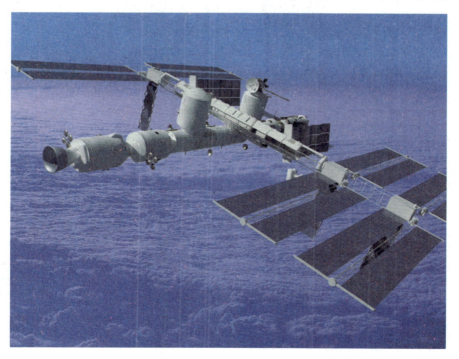

备用的救急药品，发现大毛病即从太空召回，到地面医疗中心就诊。

　　这种"远水不能解近渴"的太空医疗的办法，已越来越不适应长期太空载人飞行，成为目前急需解决的一个航天医疗难题。"

　　前苏联宇航员拉韦金和罗曼年科一起于1987年2月6日乘

"联盟TM-2飞船进入"和平"号空间站，原计划在太空生活一年，结果拉韦金患病不得不提前返回地面。要把患病或受伤的宇航员送回地面，约需2.5亿美元。据报道，科学家正在考虑设计太空医院，即与"和平"号空间站对接的医学实验室，为在太空长期飞行的宇航员提供医疗服务。

正在设计中的太空医院的结构为圆形，分别由以下几部分组成：一是连接轨道复合体的气闸舱和卫生舱段；二是研究舱段，主要是对空间站的宇航员进行医学、生物学诊断和处置，该舱段将安装大量的科学仪器，并设计成模块式，以便按照实验计划进行快速置换；三是实验外科的手术舱，在这里可进行必要的外科手术和动物实验，舱内将安装桌式实验容器和麻醉仪器，以及其他各种医疗器械；四是生物体舱，设置各种实验用的生物体，每个舱由一扇坚固的门分隔，各种遥感和传感器的医疗数据由计算机贮存和处理。届时，由两名医生和生物医学家在这里进行研究工作，周期为3个月。

美国宇航局也有类似的想法，太空医院将在以下四个方面为宇航员提供医疗咨询服务：一是定期为宇航员检查身体；二是医治受伤或患病的宇航员及其他人员；三是减轻宇航员因长期处在微重力状态下引起的生理失调；四是为宇航员进行体育

活动提供服务设施。此外还提供一些"急救治疗"。

为了营救在轨道上突然患病的宇航员，美国正在装备一台航天救护车。它是由一架航天飞机改装成功的，一旦轨道上传来呼救信号，可立即发射起飞，进行太空营救。它具有在飞行过程中进行救护的能力，然后把病人安全送到地面医疗中心治疗。一批有能力接受训练的医生、护士将在这辆车上工作。

美国宇航局外科医生认为，这辆车除为宇航员进行太空营救外，还将为遨游太空的旅客提供紧急救护。太空医院的建立，将给宇航员及其家属带来安全感，消除他们患疾病难以得

到治疗的后顾之忧，给他们的身体健康带来切实保证，为人类长期载人航天创造更良好的条件。

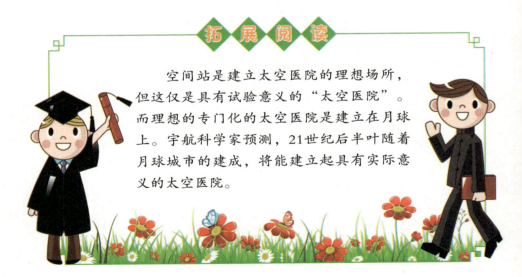

拓 展 阅 读

空间站是建立太空医院的理想场所，但这仅是具有试验意义的"太空医院"。而理想的专门化的太空医院是建立在月球上。宇航科学家预测，21世纪后半叶随着月球城市的建成，将能建立起具有实际意义的太空医院。